나는 도시에 산다

글 _ 박훈하 / 사진 _ 이인미

초판 1쇄 펴낸날 2008년 6월 11일
개정판 1쇄 펴낸날 2009년 2월 2일

글 _ 박훈하
사진 _ 이인미
펴낸이 _ 김철진

교정 _ 김만석
디자인 _ 김철진
출력 _ 삼원프로세스
인쇄 _ 원일컴
제본 _ 광명제책

펴낸곳 _ 비온후
등록 | 2000년 4월 28일 제331-2000-000005호
주소 | 부산시 수영구 광안 2동 169-44 3층
전화 | 051-645-4115

ISBN 978-89-90969-34-7 03840
책값 16,000원

ⓒ BeOnWho 이 책의 사진들은 비온후에 저작권이 있으며 무단으로 복제하거나 전제할 수 없습니다.

비온후 도시이야기 02

나는 도시에 산다

2008년 문화체육관광부 선정 우수교양도서 (문화일반 분야)

글 _ 박훈하
사진 _ 이인미

비온후

008 | 머리글

지워지고 남은 현재들

012 꽃에 무관심하기
016 다리모시와 계
020 매화 꽃잎을 띄우다
024 속도와 윤리
028 안방과 침실 사이
032 장산의 울음소리
036 웰빙의 허구성
040 위대한 작은 것들
044 거울과 휴대전화
048 육아일기
052 익숙한 것들과의 결별
056 지겨워, 맛있는 건
060 멀리 있는 아이야!
064 내셔널 지오그래픽을 보는 법
068 결핍으로부터 배우기
073 포르노라는 도깨비
078 퀴즈 왕국
082 기억의 단층
088 이종격투기, 혹은 공룡시대
092 세상살이의 그 천박함에 대한 변명

시간의 옹이, 그 견고한 장소

- 098 | 내 친구의 집은 어디인가
- 102 | 「갯마을」로 가는 길
- 110 | 세계의 끝, 영도다리
- 116 | 혼종의 공간, 부산 중구
- 122 | 물만골, 막힌 곳에서 길을 열다
- 128 | 직선 아래 끊어진 곡선의 욕망, 사상
- 136 | 콜라주로 만나는 부산의 풍경
- 144 | 내비게이터 속에서 길을 잃다
- 150 | 하나같이 똑같은 박물관
- 160 | 오로지 검은 승용차뿐
- 166 | 세계화와 가족로망스

탈주의 형상들

- 174 | 절망의 미학
- 180 | 야생화는 꽃이 아니다
- 184 | 야생화를 바라보는 그릇된 욕망-민족주의
- 188 | 도심 생태 보고서
- 196 | 귀신조차 떠나는 이곳
- 206 | 외부를 꿈꾸는 인문학
- 212 | 순정만화의 힘
- 218 | 비평론 첫 시간, 공포의 생산
- 224 | 저주의 이름, 예술가
- 228 | 검어서 슬픈, 제국의 주민들

머 리 글

수록된 글들이 모두 자그마하다. 그만큼 무게와 깊이가 부족하다는 것일 테지만, 한편으론 우리들의 삶 자체가 이미 지극히 가벼워지고 있기에, 이를 효율적으로 전달하려는 작은 노력이 마침내 가 닿은 방법적 결과일 수도 있다는 생각 또한 없지 않다. 삶이 가벼워진다는 것은, 대중의 삶이 영위되는 이 도시가 더 이상 대중들의 의지와 무관하게 작동한다는 뜻이고, 그 변화의 과정으로부터 그들이 소외되어 있다는 뜻이다. 한국의 근대화 과정 속에서 이 낮은 대중의 지위는 그리 낯설지 않지만, 현재의 이 소외 현상은 지난 시절의 억압적 체제에서 강요된 것과는 매우 다른 양상을 띠고 있다. 예전과 다르게 지금 대중들의 소외를 유발하는 건 정치적 억압이 아니라 지극히 문화적 요인에 의한 것이다. 가령 우리의 네트워크를 관장하는 휴대전화만 하더라도 이 특이한 물건이 공적 영역을 매우 간단하게 사영역화 해 버린다는 것, 뿐만 아니라 길을 찾기 위해 장착한 내비게이션이 우리들의 공간지각에 개입한 결과 매번 길을 잃게 만드는 것 또한 우리들의 현실인 것이다.

그러나 안타깝게도, 세상과의 접속을 욕망하면 할수록 도시 대중들이 얻게 되는 것이 접속이 아니라 절연이고, 통찰이 아니라 오인일 수밖에 없는 이 모순율을 단번에 돌파할 수 있는 해법을 찾기는 쉽지 않다. 뿐만 아니라 일반 대중들로서는 이 중층화된 모순율을 이해하는 것 자체가 우선 지난한 일임에 분명하다. 그럼에도 즉효약은 아닐지 몰라도 더딘 해법은 얼마든지 있다. 그 중 하나의 방법이 민속지학(ethnics) 혹은 지역학이다. 시선을 멀리 두지 않고 우리 주위의 일상적 사건들과 작은 이야기들로부터 사유를 시작하는 이 방법은, 국가와 인류 혹은 세계화 같은 거대서사의 허구성과, 일상적 현실을 감쪽같이 은닉해 버리는 도시의 작위적인 스펙터클에 대해 우리로 하여금 객관적 거리를 생성, 새로운 인식지점을 제공해 준다. 그로써 도시 대중들은 자신과 세계 사이에 첩첩이 가로놓인 모순율과, 그것들이 유발하는 인식적 오류를 얼마간 피해 갈 길을 발견하기도 하는 것이다.

그런 의미에서 이 책의 글들은 작은 이야기로부터 시작했고, 그 대상 또한 부산이라는 지역에 한정했다. 본인이 부산에 거주하고 있다는 현실적 이유도 있지만, 부산에 시선을 집중한 보다 근본적인 이유는 무엇보다 우리의 급속한 근대화로부터 탈근대사회로 진입하고 있는 부산이 갖는 독특한 위상 때문이었다. 오랫동안 정치 경제 문화적으로 변방이었던 부산이 지금과 같은 거대도시로 탈바꿈한 지는 얼마 되지 않는다. 일제강점기의 물류교통지로서, 그리고 한국전쟁기의 임시정부를 거쳐 국가적 포디즘 체제의 경공업 거점지역으로서 오늘에 이른 부산은, 그 짧은 역사 때문에 오랜 삶의 터전 위에서 비로소 생성될 자기반성을 결여한 채 한국 근대화의 모순을 그대로 자신의 모순으로 온존시켜 왔으며, 마침내는 지방이 갖는 건강한 자율성은 내팽개친 채 서울에의 하릴없는 해바라기와 추종을 통해 반주변부의 모순을 여과 없이 체화해 왔다. 그러므로 부산을 정직하게 바라보는 일은 비단 부산 지역민만의 책무가 아니라, 지역 불균등에 기초하여 발전해 온 이 나라의 곪은 속살을 들여다보고자 하는 사람들이라면 피해 가기 어려운 과제이기도 하다.

글들은 이야기의 성격상 세 묶음으로 나누었다. 그 첫 번째는 과거의 기억들이 모두 소거된 채 현재성만이 덩그렇게 남은 이 도시로부터 낡고, 작은 기억들을 다시 불러내는 이야기들이고, 두 번째는 그런 소거 과정을 통해서만 주민들에게 영주권을 배분하는 도시의 비인간적인 생리를 살폈으며, 그리고 마지막 묶음에서는 도시의 이 생래적 모순에 저항할 수 있는 작은 실천들을 모았다. 글들을 이렇게 나열하고 보니, 이 책이 독자들과 나누고 싶은 이야기란 것이 결국, 도시가 제공하는 근거 없는 장미빛 미래와 스펙터클로부터 빗겨 서서 개인들의 작은 이야기가 이 도시 위에 다양하게 수렴될 수 있는 방법을 함께 고민하는 일이었음을 새삼 깨닫는다.

이 책은 애초에 글과 사진이 종속적 관계가 아닌 상호간의 길항이 최대한 보장되도록 기획되었다. 이 말은 글과 사진이 내용상의 유사성보다는 도시를 바라보는 방법상의 일치를 최종적인 목표로 삼았다는 뜻이고, 그렇게 함으로써 각각의 자율성을 통해 독자들로 하여금 다양한 독서가 동시에 가능하도록 배려되었다는 뜻이다. 그런 의미에서 이 책은 두 예술 매체가 가장 민주적으로 만나 어우러질 진정한 공저를 꿈꾸었던 셈이다. 이 자리를 빌어 공동의 저작을 허락해 주신 이인미 선생께 감사드린다. 아울러 기획단계에서 교정 작업까지 수고를 아끼지 않은 김만석 선생과, 출판을 허락해 주신 김철진 대표께도 감사의 말씀을 전한다.

2008년 5월 후쿠오카에서

지워지고 남은 현재들

꽃에_무관심하기

일년 중 단 며칠 동안이나마 더러운 하수구가 큼직한 꽃바구니로 변신할 때가 있다. 세상이 버린 온갖 쓰레기를 받아내다가 꽃 잔치가 벌어지는 4월이 오면, 바람에 못이긴 꽃잎의 순장을 허락하는 곳이 바로 거기, 하수구멍이다. 개나리가 질 땐 노란 사체가, 벚꽃이 질 땐 은분홍빛 사체가 방부제 냄새를 풍기며 모처럼 죽음의 통로를 채색한다. 이 때쯤이면 죽음도 너끈 가벼울 수 있겠단 생각을 하게 된다. 너무 많이 가진 탓에, 아니 미래의 시간을 너무 많이 당겨 써버린 탓에, 우리의 죽음은 늘 두렵다. 죽음이란, 금고가 바닥이 날까 두려운 것처럼, 당겨 쓸 미래의 시간이 바닥 나버리는 것에 대한 두려움 그 이상의 의미가 아니다. 그런데 미래의 시간은 담보 없이 빌려 쓸 수 있는 물건이 아니다. 차용증서엔 늘 현재가 담보물로 제시된다. 그래서 우리네 빚쟁이 인생은 저당 잡혀 사라진 현재를 결코 향유하지 못한다. 너무 행복해도 불안해 허둥대고, 편안한 휴일이 제 앞에 펼쳐져도 몸은 오히려 뻣뻣하게 굳어버리기 일쑤다.

몇 년이 지난 이야기지만, 빚쟁이 아빠가 아이를 데리고 꽃 나들이 갔을 때 이야기다. 아이는 여섯 살이었고, 빚쟁이 아빠는 갓 어른이 되었으므로 빚 무서운 줄 모르고 마구 미래의 시간을 끌어다 썼다. 꽃 나들이 길에 나선 것도 꽃이 그를 불러서라기보다 꽃이 사라져버릴까 봐, 그리고 지금 당장은 아니더라도 언제가 될지 모르는 먼 훗날 현재의 기억이 아이의 풍성한 추억으로 남길 바라면서 4월 중순께 토요일 오전, 온갖 봄꽃이 난만한 꽃동네에 도착했다. 이제 막 망울을 터뜨리는 도화 위로 목련이 지고 있는가 하면, 피었다기보다 차라리 흩뿌려놓았다는 표현이 옳을 벚꽃들 사이로 산수유꽃이 채 노란빛을 버리지 못하고 망설이고 있기도 했다. 그런데 나와 아내는 탄성을 내지르며 호들갑을 떨어댔지만 정작 함께 간 아이는 도무지 관심을 보이지 않았다. 우리가 고개를 쳐들고 풍경을 완상하고 있을 때 아이는 땅만 쳐다보며 버려진 비비탄이나 얄궂은 고무인형에 온통 정신이 팔려 있었다. 빚쟁이 아빠는 아이를 채근하면서, 앞으로 남은 허다한 힘든 세월을 견뎌내기 위해 아름다움이 얼마나 유용한 것인가를 장황하게 설명했다. 다 알아듣지는 못했겠지만 착한 아이는 주운 비비탄을 주머니에 감추고, 제 키로는 터무니없이 높은 벚꽃을 보기 위해 고개를 한껏 젖히고 산만하게 흩날리는 꽃비를 따라 일렁거리며 걸어갔다.

— 사고는 순식간에 일어났다. 발에 눈을 달기엔 너무 어렸던 아이가 넘어지면서, 베고 남은 벚꽃가지에 찔려 이마가 제법 크게 찢어졌던 것이다. 응급실에서 몇 바늘을 꿰매고 울다 지쳐 잠든 아이를 내려다보면서 빚쟁이 아빠는 여섯 살 난 아이의 현재를 그제야 똑바로 바라볼 수 있게 되었다. 아이가 꽃을 보지 않았던 건 제 자신이 꽃이었기 때문이었을 터이다. 아이와 세상 사이에 분별과 경계가 없으니 꽃은 제 몸속에 깃들 뿐 바라볼 대상일 수는 없었던 것이다. 모든 것을 풍경으로 만들어 사유화하려드는 것, 그리고 그 풍경을 과도하게 상찬하는 것은 세속적인 어른들의 자기기만에 불과하며, 그러면 그럴수록 꽃이 아름답다고 느끼는 딱, 그만큼 추한 제 내면의 음영은 더 짙어질 따름이지 않겠는가. 그러니 꽃이란 시선 너머로 찾아야 할 대상이 아니라 꽃잎으로 지우개를 만들어 분별을 있게 하는 모든 경계를 지우는 데 써야 할 것이다. 그러려면 우선 미래라는 시간의 도움 없이 지금-여기를 스스로 수락할 수 있는 지혜를 가져야 한다.

그러나 헤겔이 낭만적 아이러니라고 칭하기도 했던 현대인의 시간에 대한 이런 병적 징후는 우리가 살고 있는 세상 도처에 흘러넘친다. 정직, 근면, 성실 같은 국민학교 교훈들뿐 아니라, 현재를 저당 잡힌 늦은 밤 고등학교 교실의 불빛들과, 새벽 한 시에 파김치가 되어 돌아오는 아이들의 뒷모습에서 나는 이마에서 여태껏 지워지지 않고 있는 아이의 상처를 본다. 빚쟁이 아빠는 이제 신용불량자가 되지 않을까,

저어하며 꽃에 무관심하기로 마음먹는다. 너무 멀리 바라보지 않기로 작정한다. 화사한 벚꽃동산으로부터 시선을 거두고 하릴없이 꽃의 사체로 뒤덮인 하수구멍을 내려다보면서, 예전 서유석이 불렀던 유행가 한 가락을 뽑는다. 〈장난감을 가지고 그것을 바라보고 얼싸안고 기어이 부셔버리는, 내일이면 버얼써 그를 준 사람조차 잊어버리는 아이처럼, 돌보지 않는 나의 사람아 나의 여인아, 오~ 아름다운 나의 사람아―헤르만 헤세〉

2008년 4월, 언덕 너머 일광 바다가 보이는 배밭

다리모시와 계

어린 시절, 내가 가장 두려워했던 건, "다리모시(たのもし)가 빵구났다"는 말이었다. 판자에 루핑지붕을 얹은 하꼬방 하나에 여러 가구가 몸을 부딪히며 살아야 했던 그 시절, 다리모시는 제2금융으로서의 지위를 확고하게 유지하고 있었다. 겨우 문자를 해독하는 수준으로서는 번듯한 은행창구가 두려움의 대상일 수밖에 없었고, 그리고 무엇보다 한 달에 한 번씩 다리모시를 타는 사람이 베푸는 짜장면이며 탕수육 등은 가난의 기갈뿐만 아니라 도시이주민의 정신적 공황을 해소하는 삶의 청량제이자 여론형성의 장으로서 큰 몫을 차지했을 법하다.

하지만 다리모시는 어린 내가 보기에도 늘 아슬아슬했다. 재정 신용도가 그리 높지 않은 오야(おや)에게 한 가계의 미래를 담보할 저축총액을 맡긴다는 것은 너무너무 무모해 보였다. 그리고 그런 우려는 동네 아줌마들의 아주 조심스러운 소곤거림으로부터 현실화되곤 했다. 다리모시 오야가 도주했다는 사실을 아는 건 늘 이른 아침이었으므로 그 불길한 소식은 차마 큰 소리로 나돌지 못하고 아줌마들의 목울대에 걸려 하루 내내 살얼음판 같은 긴장을 만들곤 했다. 그러다가 아저씨들이 귀가하는 밤이 되면 동네는 절망적인 울음과 술 취한 아저씨의 난장질과 고함소리로 제1막을 끝내곤 했었다.

날이 새면 피해 당사자들은 수사대를 편성해 오야의 거처를 탐문하는 것으로 제2막을 시작해 보지만, 성과는 늘 빈약했다. 춤바람이 났다거나 노름으로 전 재산을 날렸다는 등의 근거없는 소문만이 무성히 떠돌 뿐 오야의 행방은 오리무중이기 마련이었다. 그러다가 몸져 누워있던 아줌마들이 자리를 털고 일어날 즈음 동네는 다시 새 다리모시를 모으는 것으로 희망을 불러들이고, 그와 함께 우리는 월사금 달라는 소리를 입 밖에 내지 못해 아침 내내 우줄거리면서 부모들의 눈치를 봐야했다. 이제 막 국민학교에 입학한 막내인 나로부터 고등학생이었던 형님까지 줄줄이 내미는 월사금 봉투에 넣어야 할 돈의 액수가 호락호락하지 않다는 것을 나 역시 모르지 않는데도 형님 누나들은 막내인 나를 시켜 굳이 주머니 빈 엄마의 부아를 채우게 했다. 그런 날일수록 나는 엄마의 재테크 방식이 못마땅하기 이를 데 없었고, 종내는 오야 아줌마도 공산당하고 똑같이 가장 먼저 무찔러버려야 할 원수처럼 여겨졌다.

   이것으로 끝인 줄 알았는데, 다리모시 스토리가 제3막이 있는 줄은 나는 그로부터 많은 시간이 흐른 뒤에야 알게 되었다. 모두가 잠든 야밤, 두런거리는 소리에 설핏 잠이 깼었고, 잠든 척 엄마와 아버지의 이야기를 훔쳐 들었던 것이다. 조심스럽게 먼저 말을 꺼낸 쪽은 엄마였는데, 이야기인즉슨 이태 전 우리집 살림을 거덜내고 감쪽같이 사라진 오야를 시내에서 만났다는 것이었다. 하마터면 나는 그 이야기 끝에 내처 소리를 지를 뻔했다. 새삼스럽게 오야에 대한 증오심이 치받쳐왔기 때문이기도 했지만, 한편으론 이제야 밀린 월사금을 받아갈 수 있겠구나 하는 반가움 때문이기도 했다.

   하지만 아버지의 반응은 의외로 시큰둥했다. 엄마의 이야기를 듣고도 한참이 지난 후에, "그래, 행색이 어떻더노?"라고 나지막이 물었을 뿐이었다. "형편없지요, 뭐. 아들 옥바라지한다고 얄궂은 그릇 행상하고 다닌다 합디더. 어찌나 울어쌓던지." 엄마의 이 말 끝에, 아버지가 "그래서, 그냥 보냈나?"라고 물었을 때만 해도 나는, 채권을 너무 쉽게 포기할 듯한 엄마의 그 매몰차지 못한 처사에 아버지 역시 나와 똑같은 분노를 숨기고 있다고 믿어 의심하지 않았다. 그리고 엄마가 "아입니더. 밥도 사 먹이고 주머니에 돈도 좀 넣어줬습니더."라는 기상천외한 대답을 했을 때 나는 분명 엄마가 지금 제정신이 아니지 싶었다. 그랬는데, 아버지의 한 마디는 어린 내 삶의 논리를 완전히 미궁에 빠트리고 말았다. "잘했다."

그 후로도 오랫동안 학교교육은, 나를 합리적인 자본주의적 인간형으로 몰아가려 안달했지만, 내가 발붙이고 있는 현실적 공간은 그러면 그럴수록 매끈한 삶의 논리로부터 더 멀리 달아나곤 했다. 내가 이 모순율을 충분히 합목적적으로 수렴하기까지는 삶의 수많은 속살을 보아야 했다. 그 사이에 다리모시라는 이 독특한 표현은 자취도 없이 사라지고, 사람들은 이를 '계'라는 단어로 쉽게 바꾸어버리고 말았다. 하지만 어림도 없는 말이다. '다리모시'가 '계'로 대체될 수 있다고 믿는다면, 당시의 가난한 도시이주민들의 상호부조제와 자율적인 공동체적 규약과, 그리고 여성들의 최소한의 의사소통의 장을, 지금 우리는 어떻게 회복할 수 있을 것인가? 우리를 키운 8할이 바로 그것들인데.

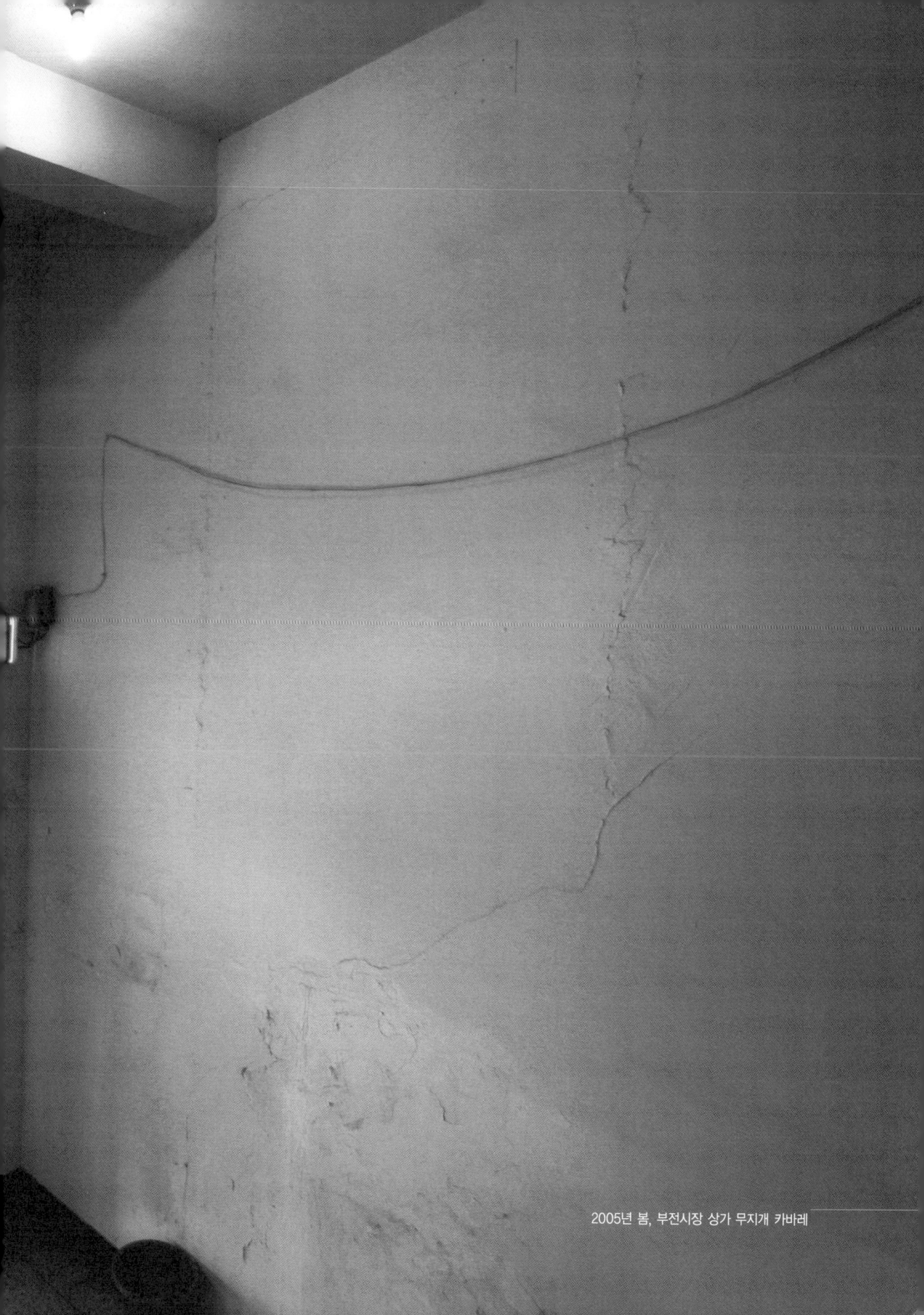

2005년 봄, 부전시장 상가 무지개 카바레

매화 꽃잎을 띄우다

아내가 주둥이 넓은 질그릇 수반에 이른 매화 꽃잎을 띄워놓았다.

천성적으로 아침잠이 많은 터라 퇴근 후 야심한 시간에 마실가듯 아파트 산책길을 따라 산을 오른다. 늦은 시각이다 보니 멀리는 가도 못하고, 온종일 집안에만 있기 일쑤인 아내와 세상 이야기에 발을 맞추고 장산의 허리께까지 걷다 돌아오곤 했다. 때로는 자정을 넘어선 시각이기도 해 눈보다 귀가 먼저 길을 더듬게 되고, 그래서 산은 정상을 향해 열려 있기보단 자꾸만 어둠 속으로 잠겨들기 일쑤여서 눈 못 뜬 새끼 강아지 어미 젖꼭지 찾듯, 더러 발아래 밟혀오는 실존적인 떨림까지 감지하곤 했다.

사람의 감관 중에서 눈이 가장 남성적이고 폭력적인 감각기관이라는 사실은 분명 옳은 이야기다. 낮 시간에 산을 오르는 것과 밤 시간에 산에 오르는 것이 체험의 양태에서 크게 차이가 나는 것도 그 때문이다. '본다는 것'은 대상과 맞섬을 전제한다는 점에서 냄새 맡거나 듣는 것과는 아주 다르다. 적어도 후각과 청각, 혹은 촉각 등은 사물을 대상화하지는 않는다. 제가 주인이 되려하지 않음으로써 사물과 그저 만나도록 도울 뿐이다.

　　어제 장산가는 길목에서 매화꽃과 가장 먼저 맞닥뜨린 것도 코였다. 어둠 속의 잔걸음들 사이로 그것은 어른어른 제 존재의 부피를 조심스럽게 피워냈던 것이다. 고개를 드니 검은 가지 끝에서부터 이제 막 개화가 시작되고 있었다. 일상적 삶의 감각은 여직 13월인데, 꽃은 왜 지난 시간의 매듭을 아직 짓지 못하고 있냐고 나무라며 피어나 있는 듯했다.

　　내려오는 길에 둥치에서 삐쳐 나온 곁가지의 꽃송이 두어 개를 따서 금붕어가 살고 있는 항아리에 띄웠더니 제법 온기어린 운치가 집안에 퍼지는 듯했다. 야심한 시간이긴 했지만 '넘어진 김에 쉬어간다'고 식구들과 항아리에 둘러앉아 꽤 오랫동안 차를 마셨다. 잠을 깬 금붕어가 먹이를 찾아 움직일 때마다 매화 꽃잎도 여리게 물결을 타고 노닐었다. 노닐다가 항아리 가장자리에 가 붙으면 아내는 조심스레 다시 가운데로 꽃잎을 밀어다 놓곤 했다.

　　엉뚱한 생각이 들었던 건 아마도 매학향내가 너무 짙어서일 것이다. 아내는 금붕어의 날갯짓에 가녘으로 밀려나는 꽃잎을 줄곧 한가운데로 옮겨놓곤 했지만, 꽃잎은 부유하다가 다시 어항의 가장자리로 버캐처럼 붙어 있곤 했다. 보기가 흉해 수면 위를 가만히 떠다니도록 가운데로 몰아 놓아도 시간이 지나면 아주 작은 움직임만으로도 쉽게 가장자리로 밀려나기 일쑤였다. '힘의 방향은 정해져 있지 않는데, 어째서 꽃잎은 꼭 가녘으로 밀려나야 하는 것일까', 그런 엉뚱한 생각이 들었던 것이다.

　　그날 잠자리에 들어 눈을 감고 의식이 희미해질 때쯤에야 나는 변변찮은 답 하나를 얻게 되었다. 그것은 〈중심〉 혹은 〈가운데〉라는 것이, 힘의 방향 하나가 아니라 많은 다양한 힘들의 대척점일 뿐이지 않을까, 하는 것이었다. 말하자면 중심이란 실제로 존재하는 것이 아니라 궂은 삶의 허다한 조각을 애써 하나로 꿰어 맞춰놓은 허구적인 기준점에 불과했을 뿐이었다. 내가 없고서야 시간의 매듭이 있을 리 없듯이 세상의 사물들을 대상화하고 맞서고자 하니 비로소 나로부터 비롯되는 중심이 생겨났던 것이다. 그러니 꽃잎이 어디 가운데에 매여 있겠는가. 내가 보기에 가운데는 엄연히 존재하는 듯하지만, 그건 질그릇이 물고기들의 삶을 가두는 감옥임을 알지 못했을 때의 이야기일 뿐이다. 물고기의 날갯짓이 물결을 만들면 꽃잎은 어디로든 가야 하지만 앎이 얕으니 나는 자꾸 그것이 헛것을 향해 가기를 종용했을 따름이지 않겠는가.

    이 헛것들이 대개 눈이라는 감각기관에 의존해 있으니, 가능한 한 많이 보지 않도록, 그렇게 눈을 유순하게 만들어야 할 것 같다. 지금 매화 꽃잎은 질그릇에 가로막혀 있지만, 향은 새벽녘 창가로 날아가고 있다.

2006년 봄, 영주동 골목길 대문 앞 계단

속도와 윤리

아이의 필통 속에는 알록달록한 샤프펜슬이 적어도 세 자루는 들어있다. 거기에다가 각각의 색잉크가 든 볼펜이 열 자루는 있을 것이고 각양각색의 형광펜과 향기나는 지우개가 적어도 서너 개쯤은 들어있을 것이다. 그러니 필통은 항상 미여터질 듯 배가 불러 있기 마련이다. 그걸 보면서 나는 늘 격세지감을 느낀다. 나는 중학교 들어가면서 산 샤프펜슬을 고등학교에 다닐 때까지 썼다. 워낙 구두쇠여서가 아니라 내 물건이다 생각되는 것들을 다른 것들로 쉽게 바꿀 수가 없었다. 아닌 말로 샤프펜슬 꽁무니에 달린 고무지우개가 다 닳아 없어지면 친구들이 버린 것을 주워 붙였고 고장이라도 나면 몽땅 분해해서 어떻게든 고쳐 쓰곤 했다. 왜 그렇게 궁상을 떨었는지는 모르겠지만 아마도 내 것에 대한 집착이 그만큼 강했던 탓이거나 내 것이라면 반드시 지켜줘야 한다는 얄궂은 의리 같은 것이 있었던 듯하다.

  예나 지금이나 그런 성정은 크게 변하지 않았으니 아이의 필통을 보면 나는 늘 화가 났다. 그럴 때마다 나는 아이에게 이렇게 묻는다. "이놈아, 너는 이 많은 연필이나 필기도구들을 다 어떻게 지켜줄래? 이 많은 것 중에 하나가 없어지기라도 하면 넌 그걸 알기나 하냐?" 그때마다 아이의 대답은 한결같다. "내가 왜 얘들을 지켜요? 겨우 200원밖에 안 하는 것들인데, 쓰다가 싫증나면 버리는 게 신경쓰며 사는 것보다 더 나아요." 이 말에 대고 내가 한 마디라도 덧붙일라치면 아이는 날더러 제발 사소한 것에 집착 좀 버리며 살라고 오히려 훈계까지 한다.

돌아서면서 난 늘 상심한다. 상심하는 까닭은 아이의 그 반박이 무례하다고 생각해서가 아니다. 오히려 그 반대다. 현재 우리의 삶의 방식대로라면 나보다 아이의 삶의 방식이 더 영악하고 현명하다. 그렇다고 내 생각이 틀렸다고는 생각지 않는다. 문제라면 우리들이 몸을 부딪고 살아가는 현실 속에서 나의 옳음을 증명할 방법이 거의 전무하다는 사실일 것이다. 일관성을 지키면서 살아가기엔 우리네 삶은 너무 변화무쌍하고, 무엇인가를 그렇게 늘 지켜주며 살아내기에 또 얼마나 많은 훼방꾼들에 둘러싸여 있는지. 내 것이라고 낡은 286 컴퓨터를 계속 끼고 살 수도 없고, 자꾸자꾸 나와 다른 세상 속에 놓이는 아이들을 낡은 삶의 윤리로 가둬둘 수는 없는 노릇이기도 하다. 이런 판국에 모든 것들을 한번 가지면 평생 지켜주며 살아가라고 강요할 수도 없고, 또 그 정도로 설득력 있는 논리를 생산할 능력도 나에겐 없다. 그저 중얼거리듯 내 의견을 보여주고, 살아가면서 문득 내 말을 떠올릴 기회가 그 아이에게도 한번쯤 찾아와 주기를 바랄 뿐이었다.

그런데, 세월이 흐르면 변하기는 변하는 모양이다. 방학 뒷설거지를 하면서 아이는 지금까지 눈길 한번 주지 않던, 제 방 귀퉁이에 놓여있던 도자기에 관심을 기울이기 시작했다. 그 도자기는 성한 물건이 아니다. 조각난 파편들을 풀로 붙인 자국이 여실하고 여기저기 이가 빠져 볼썽사나운 꼴을 하고 있다. 십여 년 전 아이의 외할아버지 회갑연이 있었던 식당 로비에서 깡충거리던 아이의 몸짓에 박살이 난 도자기를 한 점 한 점 조각을 주워와 겨우 제 꼴을 되찾아 놓은 것이었다. 아이의 외할아버지는 몇 날에 걸쳐 퍼즐 게임하듯 완성한 도자기를 아이의 방에 놓아주면서, 훗날 이게 보물이 되었으면, 하셨다.

아이는 그때 제자리를 채 찾지 못해 도자기 속에 넣어둔 조각들을 어떻게 찾아냈던 모양이다. 하루 종일 제 방에 쪼그리고 앉아 조각들의 자리를 하나하나 찾아주고 있었다. 그 손길이 반갑고 고마웠다. 조각을 덧댄들 나아질 것도 없고 나아진들 무용하기는 마찬가지겠지만, 도자기를 어루만지면서 비로소 아이는 사물들의 속살과 마주할 수 있을 터이니, 이제야 저 아이가 사람이 되어가나 보다, 했다. 사람이 된다는 건 마주한 것들의 겉이 아니라 속내를 들여다볼 수 있다는 것 아닌가. 그러니 예부터 사람을 일러 '사람들 사이', 즉 인간(人間)이라 하지 않았을까. 세상의 어떤 것도 제 주머니에 들어왔다고 제 것이 되어주는 건 없다. 그저 마주 봄으로써 다리를 놓아 세상이 제 몸을 타고 흐르도록 허락하는 것, 그런 형상이 인간인 것이다.

그러므로 아이의 말마따나 지켜야 한다고 무엇이든 움켜쥐고 있는 나, 필요에 따라 쓰고 버리는 아이나, 인간이 덜 되기로는 마찬가지다. 보물이 달리 보물이겠는가. 꼬인 것을 풀어주고, 절단된 것을 이어주고, 고인 고통을 흘려보내 세상과 교통하게 하는 게 보물이다.

1995년 겨울, 대청동 계단길

안방과 침실 사이

일전에 유선채널에서 보내주는 80년대 드라마 한 편을 보면서 나는 어떤 장면 때문에 무척 놀랐다. 한 부부의 잠자리 풍경이었는데, 남편이라는 사람이 안방 이부자리에 누워서 버젓이 담배를 피우고 있는 것이 아닌가. 아내는 남편이 담배를 입에 물자 재바르게 재떨이를 챙겨왔음은 물론 혹시나 새롭게 떨어질 하명을 기다리는 하녀처럼 함께 눕지도 못하고 오도카니 재떨이 옆에 쪼그리고 앉아 있었다. 더 가관인 것은 맛있게 담배를 피운 남편이 재떨이 속에 던져놓은 담배꽁초를 아내가 확인하듯 다시 끄는 풍경과, "불 꺼"라는 남편의 볼멘 목소리에 마치 자기 때문에 불이 켜져 있었기나 한 듯이 황급히 일어나 스위치를 내리곤 그제야 다소곳이 이불 속으로 들어가는 아내라는 이름을 가진 여성의 뒷모습이었다.

그날 밤 나는 아주 도발적인 실험극을 감행했다. 좀 전에 봤던 20년 전의 남성들의 일상을 그대로 내 침실로 가져와 보기로 마음먹었다. 우선 아내가 잠자리용 화장이 끝나기도 전에 "불 꺼"라고 소리쳐 보거나, 아내가 침대에 눕기를 기다려 미리 준비해 둔 라이터를 꺼내 담배에 불을 붙여 이불 속으로 들어갔던 것이다. 고백컨대 내 기억 속의 아버지가 누렸을 남성권력에 대한 향수 때문은 결단코 아니었다. 오히려 스무 해 가까운 결혼생활 동안 내내 사그라들지 않는, 80년대에 대학생활을 한 남자들이라면 누구도 자유롭지 못할 강박으로서의 양성평등에 대한 자기회오를 그런 식으로 어깃장을 놓아본 것이거나, 한편으로는 그럼에도 불구하고 겉 다르고 속 다른 이 땅의 마초들에 대한 조롱이 이 실험극의 주제였을 것이다. 말하자면 이런 실험극이 이젠 어느 가정에서도 쉽게 수용되지 않을 만큼 낯선 것이 되었지만, 이런 일상영역에서의 기계적인 평등관이 진정 부부상호간의 합리적인 대화의 결과로 얻어진 것인지에 대해서는 매우 강한 의심이 간다는 것이다.

사실상 양성평등이 과거에 비해 많은 일상영역에서 현실화되었다는 사실을 부인할 순 없다 해도 이러한 결과가 가정 내 부부간의 합리적인 의사소통을 보장하는 데로 나아갔다고 믿을 근거는 매우 희박하다. 예의 그 드라마에서처럼 안방은 현재 우리의 침실과는 아주 다른 기능을 갖고 있었음이 분명하다. 어느 틈에 우리는 안방이라는 표현을 버리고 침실이라는 표현에 더 익숙해졌지만, 이 상이한 표현들 사이에는 이 공간을 바라보는 매우 이질적인 욕망들이 교차하고 있음을 우리는 은연중에 직감한다. 다시 말해 흡연이 보장되는 예전의 안방은 현재의 침실과는 달리 가족 내 의사소통을 도모하는 일종의 공적 공간이 아니었던가. 그러니 담배만 피웠던 것이 아니라 식구들이 모여 TV도 보고, 둘러앉아 식사도 가능했던 것이다. 이젠 침실로 저녁상을 들고 들어가는 건 매우 우스꽝스러운 풍경이 되어버렸지만, 침실이 거부하고 있는 건 근본적으로 상이나 담배가 아니라 기왕의 의사소통체계라고 말해야 옳다.

가부장제의 폐해를 주장하는 사람들이야 이러한 변화에 환호할지 모르지만 이 변화의 과정에서 가정 내 의사소통을 조정할 대안이 더불어 고안되지 못한 것이 우리 현실이고 보면, 후줄근한 모습으로 베란다나 복도, 마당 한 귀퉁이에서 금연하지 못하는 자신의 나약한 의지를 매번 확인해야 하는 오늘날의 가부장의 모습은 원칙 없이 힘의 논리에 기생하는 천민자본주의의 한 단면을 그대로 노정하고 있다고 해도 과언이 아니다. 그러니 가정 내 의사소통체계의 변화에 그저 생각으로만 동의한 수

많은 마초들은 엽기적인 원조교제로 제 속의 마초근성을 확인하지 않을 수 없고, 또한 근거 없는 보수성으로 더 큰 권력을 욕망함으로써 온갖 비리로 가정 자체를 폭파시켜 버리기도 하는 것이다.

    그 날 밤, 아내는 고맙게도, 갑자기 찾아온 남의 발작을 구경하듯, 힘으로 응대하지 않았다. 겹겹이 닫혀있던 아파트의 창문을 모두 열어젖히고 베란다에 놓여 있던 재떨이를 가져다주는 것으로 나의 발작이 끝나기를 기다려 주었다. 발작이란 무엇이겠는가? 제 속에 들어있는 또 다른 자기의 드러남 아닌가. 이 땅의 마초들에게는 스스로조차 알지 못할 자신의 내부에 얼마나 많이 들끓고 있는 것일까? 그리고 이 이질적인 괴물의 생장은 누가 어떠한 방법으로 해소해야 할 것인가? 지금까지 세상은 이 모든 짐을 가장의 굽어진 어깨 위에 몽땅 올려놓는 것으로 해법을 찾았다고 믿어왔지만, 안방을 빼앗긴 가장이 이를 온전히 받아들였다고 믿기는 어렵다. 그러므로 해법은 담배를 피울 수 없게 된 침실이 일반화된 지금에조차 소멸되지 않고 있는 안방의 욕망을 밖으로 끄집어내는 것으로부터 다시 시작해야 한다. 우리 속의 괴물은 사라지는 것이 아니라 그저 은닉하고 있을 뿐이다. 안방의 복귀를 꿈꾸며, 느닷없이 폭발하는 발작은 고작 흡연에 대한 것이 아니다. 이것은 안방과 침실 사이에서, 변화된 권력구조를 채 수락하지 못한 수컷의 폭력적 울부짖음이다. 지금 우리에게 필요한 것은 허울 좋은 양성평등이 아니라 변화에 대한 소통이다.

2008년 가을, 괘법동

장산의 울음소리

때죽나무꽃이 하늘의 별처럼 쏟아지는 산길을 걷는다. 처진 가지가 만들어내는 넉넉한 품에 안겨 하늘을 우르러면, 그렇게 하얗게 쏟아지는 별들의 군무와, 헉, 마주친다. 과장이 아니다. 한 달 내내, 계곡을 따라 줄을 지어 뿌리를 내린 때죽나무의 변화하는 개화를 지켜보는 일은 즐겁다. 산정을 향해 나무들은 더딘 걸음으로 꽃잎을 연다. 그러니 산중턱에서 이제 막 꽃이 필 때 산 초입의 나무들은 흐드러져, 별이 아니라 벌써 시커먼 운석이 되어 있다. 그 간격이 족히 보름은 됨직하다.

때죽나무꽃이 질 때쯤이면, 장산(䒳山)은 등산복을 벗는다. 등산복이란 게 어찌 그리 하나같이 검기만 한지. 하지만 이즈음 해서 일개미 무리처럼 까맣게 오르내리던 등산객들의 복색은 돌연 가벼워진다. 헐렁한 반팔 면 티셔츠와 반바지가 주종을 이루고 며칠 전의 힘찬 파워워킹은 산책자의 헐거운 걸음걸이로 바뀐다. 바야흐로 장산의 '산책로 모드'로의 변신. 이 변신은 적어도 소쩍새의 울음소리가 최고조에 오를 7월 말, '유원지 모드'로 또 한 번 바뀔 때까진 그대로 유효하다.

그저 놀랍고 감사할 따름이다. 도심 속 크지 않은 산 하나가 이토록 놀라운 포용력을 지닐 수 있다니. 하지만 이러한 경탄은 늘 아슬아슬하다. 마치 너무 많은 새끼를 낳아 쪼그라든 젖가슴을 하염없이 내맡기고 있는 늙은 어미 개만큼이나 애달프다. 무구한 새끼들의 생명에의 충동을 나무랄 수도 없으니 그저 속수무책으로 바라볼밖에 달리 방법이 없다. 차라리 개라면 마른 젖가슴을 털고 일어나 어디 볕바른 곳에라도 나앉아 보겠지만, 그런 능동성이 없는 산은 대책 없이 허여적일 뿐이다.

    몇 해 전 정찬이라는 소설가가 쓴 『세상의 저녁』이라는 작품에서 꼭 장산 같은 예수를 만난 적이 있다. 그가 그린 예수는 익히 우리가 봐왔던 기적을 행하는 능력 있는 분이 아니다. 그가 그의 백성들에게 행하는 구원은 오직 눈물을 통해서일 뿐이다. 비범한 기적 대신 지극히 평범한 능력만으로, 마음이 가난한 모든 백성의 고통에 손을 얹고 그들과 똑같이 아파하고 울어주는 것만이 그가 할 수 있는 모든 것이었다. 그럼에도 그는, 비기독교인인 내가 만난 가장 은혜로운 예수였다.

    살다보면 알게 된다. 세상에서 가장 두려운 건, 사람들 '사이에' 자신이 속해 있지 않다는 것을 깨닫는 일이라는 것을. 죽음에 대한 공포조차 사람들의 삶 바깥으로 내팽개쳐진다는 두려움과 다르지 않다. 그러니 타인과 똑같은 양으로 아파하고 함께 눈물을 흘려줄 수 있는 능력이란 곧 사람들 바깥으로 스스로를 내모는 일이자 자신을 버림으로써 새로운 사람들 사이를 만드는 기적이자 구원일 수밖에 없다. 생각해 보라. 죄지은 자의 고통을 그대로 자신의 고통으로 받아들일 수 있다는 것은 선과 악의 경계를 모조리 지운다는 것을 뜻하며, 또한 '나'이면서 동시에 '나'를 버리고 '타인'이 된다는 것을 뜻하지 않는가. 이는 평범한 사람들로서는 결코 가능한 일이 아닌, 완벽히 투명한 인격으로서만 가능한 일이다. 마치 맑은 유리가 그렇듯 대상을 있는 그대로 보여줄 수 있을 만큼 투명하되 동시에 안을 감싸 안는 제 본래의 기능 또한 전혀 포기되지 않는 것과 같은 완전한 허여성(許與性)을 일컫는 것이다. 하지만 투명하면 할수록 유리의 존재감은 사람들로부터 전혀 자각조차 되지 않는다. 항상 그렇다. 가장 소중한 것은 가장 먼저 망각되는 법.

    시민들이 장산의 품에 깃들 수 있게 된 건 10년이 채 안 된다. 그런데도 너무 너무 많은 새끼를 낳은 탓에 지금 장산은 제 생명의 일부를 조금씩 조금씩 떼어내 나눠주고 있는 중이다. 형편없이 망가진 시민들의 상처에 가만히 손을 얹고 그렇게 하염

없이 울고 있다.

　가끔씩 그 울음소리를 환청으로 듣는다. 그 많던 반딧불이가 어느 날 자취도 없이 사라져 계곡이 침묵 속에 휩싸일 때, 혹은 차바퀴에 짓눌린 지네와 송장메뚜기와 개구리와 도룡뇽과 뱀들의 주검이 뙤약볕 아래에서 바싹바싹 타들어 가고 있을 때, 혹은 억수 같이 비가 쏟아지고 운무에 제 몸을 완전히 숨긴 날, 아주 낮은 소리로 아파트 벽면을 타고 올라와 닫힌 베란다 알루미늄 새시문을 두드릴 때.

　구원은 응답하는 자의 몫이다. 누구나 장산의 품에 안길 수는 있겠지만 그 모두가 구원받는 것은 아니다. 어느 날 문득 쪼그라든 어미의 젖가슴을 만날 때, 그리고 내가 곧 어미이고 장산이라는 걸 화들짝 알 때, 사람들 사이엔 길이 생기고 그 길가의 때죽나무는 꽃을 피우고, 울음소리는 계절의 순환 속으로 잦아들 수 있을 터이다.

2008년 가을, 장산 아래 아파트단지

웰빙의 허구성

커피 한 잔을 뽑아 마시기 위해 2층 학생휴게실엘 갔더니 마치 멋진 카페처럼 실내가 세련되게 변해 있었다. 바닥도 맨 타일이 아니라 나무결을 새긴 데코타일이고 벽도 차가운 시멘트를 감춰 한결 따뜻해졌다. 연구실에 가서 마시려다 창가에 기대서서 홀짝거리니 TV 광고처럼 제법 분위기가 산다. "그래, 바로 이 맛이야."

그런데 휴게실을 막 빠져 나오니 학생회실이 즐비한 복도는 지저분하고 우중충하기 그지없다. 마음 같아서는 2층 모두를 학생휴게실처럼 깨끗하게 단장해버리고 싶다고 생각하는 순간, 그 상상의 폭력성에 스스로 무춤해진다. 더 세련되고 더 정갈해지는 것만이 능사는 아닐 것이기 때문이다. 적어도 이 2층 공간은 학생들의 자치공간이고 그들의 열악한 환경은 몇 푼의 지원금이나 특정 공간의 개선만으로는 해결될 여지가 없다. 아니, 오히려 자본이 침입함으로써 지금까지 유지되어 온 학생들의 자치의 관계망은 더 심하게 왜곡되고 절단될 뿐이다. 마치 뛰고 뒹굴 수 없는, 그저 바라보도록만 조성된 잔디밭이 우리의 신체를 도리어 권력이 욕망하는 방향으로만 잡아끌듯, 이제 휴게실의 세련됨과 안락함은 신체의 휴식에 기여하는 것이 아니라 자본이 요구하는 방식으로 학생들의 주체성을 구성하도록 요구할 것이 분명하다. 현재로선 학생들의 자치 공간인 이 2층은 불가피하게 지저분할 수밖에 없고, 어쩌면 지저분하기 때문에 지금까지 그 수많은 자치활동들이 그나마 수행되어 왔을지도 모를 일이다.

요즘 항간에서 떠들어대는 웰빙의 허구성도 알고 보면 이와 전혀 다를 바 없다. 농약을 치지 않고 유기농법으로 키운 야채를 먹겠다는 욕망이야 나무랄 바가 아니지만 이 욕망이 이미 우리 사회의 다양한 차이를 절멸한 후 발생한 것임을 깨닫는 것은 무엇보다 중요하다. 몸에 좋은 것을 취하겠다는 욕심이, 농약 묻은 야채조차 못 먹는 이웃의 가난을 묵과하게 만든다면, 차라리 더불어 농약을 함께 먹는 것이 미래의 행복을 보장받는 지름길이다. 혀를 꼬아 어렵게 발음해야 하는 '웰빙'이 '잘살기'라는 단순한 의미 그 이상일 수 없다면, 웰빙은 나를 구성하는 관계들로부터 오는 것이지 그 관계를 절연하고 나 속에 유폐되어서는 얻지 못할 것이 분명하다.

웰빙 이야기를 하자니 며칠 전 오랜만에 찾았던 좌천 장안사에서의 언짢았던 느낌이 되살아난다. 고작 1년여만의 방문이었는데, 그 사이 14번 국도에서 장안사 입구로 이어지는 진입도로가 왕복 4차선에 가드레일까지 갖춘 매끈한 준-고속도로로 변해 있었다. 예전에는 여기저기 포장이 벗겨져 먼지가 날리고 지나가는 행인을 염려해 속도는 엄두도 낼 수 없는 변변찮은 도로였는데, 이젠 아무 거리낌 없이 속도를 보장받는 도로가 된 것이다. 이런 변화는 우리 주변에서 너무 잦아 사건으로조차 여겨지지 않지만, 매끈해지고 곧아져 속도를 요구하는 이런 변화는, 알고 보면 우리의 삶에 치명적인 영향을 끼친다.

속도는 이동자로 하여금 목적지 이외의 어떠한 공간과도 직접적 만남을 허용하지 않는다. 예전 같으면 비록 최종 목적지가 장안사라 하더라도 가는 길목에서 도로변 개울가에 돋은 돌미나리나 비탈진 얼갈이 배추밭의 작황을 훔쳐볼 수 있었을 테지만 이젠 그럴 수 없게 되어버렸다. 그뿐 아니라 농사짓는 노인네들이 횡단보도 아닌 곳을 수레라도 끌고 지나갈라치면 운전자들로부터 욕품은 이미 벌어놓은 셈이다. 속도가 그들의 땅을 앗아가버린 때문이다.

그렇다고 이런 현상을 운전자의 소양 문제로 돌릴 수도 없다. 운전자의 소양과는 상관없이 도로가, 그렇게 만든다. 속도를 욕망하는 도로는 쉽게 주위의 모든 사물들을 구경거리로 만들어 자신의 욕망 이외의 것을 보지 못하도록 차단한다.

  오래지 않아 좌천의 장안사는 부산의 장안사가 될 것이 틀림없다. 말하자면 속도의 욕망에 몸을 맡기는 순간, 부산사람들은 장안사를 좌천이 아닌 부산의 연장으로 감각할터이고 그럼으로써 손님으로서의 겸손함 같은 것을 기대하기 어려울 것이라는 말이다. 맑은 공기를 '얻어' 마시러 애써 그곳을 찾았지만, 타지에 대한 겸손함과 경외감이 없으니 부산사람들이 좌천사람들을 우습게 여길 것은 분명하고, 자연 속에 안기기 위해 갔지만 도리어 사람들이 자연 위에 군림하려 들 게 또한 자명하다. 그러니 지역경제 운운하며 도회지 사람들의 편익을 도모하는 것이 진정 지역을 위하는 일인지는 이젠 정말 깊이 생각해 보아야 한다. 속도의 욕망은 무서운 전염병이다. 감염되지 않으려면, 쑥부쟁이 먼짓길의 불편을 감내하는 법을 우리 스스로 터득하지 않으면 안 된다.

1993년 겨울, 5부두 곡물 운반기

위대한 작은 것들

황대권 선생의 『야생초 편지』를 아이에게 건넸다. 이제 중학교 2학년일 뿐인 아이에게 황대권 선생이 처한 입장과 감옥 속에서 야생초를 재배한다는 상황이 지나치게 비현실적으로 가 닿지는 않을까 우려하면서도 책을 건넨 후 며칠을 아이의 눈치를 보면서 난 그 아이가 뭔가 도통하는 소리를 나에게 전해주기를 기다렸다. 하지만 아니나 다를까, 아이는 근 보름이 지난 후에야 나에게 책을 되돌려 주면서, 이랬다. "아빠, 좀 더 감동적인 책 없어요?"

 물론 이 책은 감동하기에 충분한 책이다. 환경과 생태를 걱정하고 논하는 책들이야 많지만, 이만큼 솔직하고 친근하게 다가오는 책은 흔하지 않다. 솔직하다는 것은 거대하고 복잡한 사회적 메커니즘의 해악에 빗대어 생태문제를 논하지 않아서이고, 친근하다는 것은 '이렇게까지 이야기했는데도 니가 생태문제에 관심을 갖지 않는다면 넌 바보이거나 악당임에 틀림없다'는 식의 강퍅한 논리를 버리고 우리들 주변의 버려진 듯 잊고 지내는 것들에 자연스럽게 시선을 돌리게 만든다는 뜻에서이다. 아마도 이런 강점은 저자와 거의 동시대를 살아오면서 겪어야 했던 여러 정치적이고 사회적인 질곡이 유독 그에게만 혹독함을 안겨준 것에 대한, 상대적으로 수월한 삶을 살아온 우리들의 부채감을 환기시키기 때문에 오는 것일 수도 있겠지만, 그것뿐일 리는 없다. 그보다는 오히려 그런 세월을 흘려보내고 난 지금에 와서 시대적 고민을 앓았던 그 많은 사람들 대부분이 가까운 미래에 대해 거의 아무런 전망을 갖고 있지 못하고 있는 데 반해, 그만이 그 고통으로부터 소중한 혜안을 일구어냈기 때문일 것이다.

― 그가 보여준 혜안이란 어쩌면 아주 단순한 것이다. 큰 것에 매몰되지 않고 작은 것으로부터 큰 것을 보는 것. 이 낭만적인 시선이야말로 지금 우리들의 삶에 가장 요긴한 것이 아닌가. 크다는 것은 그 속에 무수한 폭력이 감춰져 있다는 말과 크게 다르지 않다. 큰 것이란 원래부터 있었던 것이 아니라 작은 것들을 다스리기 위해 추상화하여 만든 것일 뿐이다. 그러니 큰 것을, 관념이 아니라 실체로 오인하면 작은 것의 고유한 속성은 다 지워지고 만다. 이러한 큰 것의 폭력으로부터 우리의 삶을 지켜내는 방법은, 쉽지는 않겠지만 하루빨리 '익숙한 것들과 결별'하는 것이다.

― 황대권 선생이 '잡초'를 굳이 '야생초'라고 부르는 이유가 여기에 있다. 우리는 어떤 의도를 갖고 심은 것을 '작물'이라고 부르고, 그 작물의 영양을 빼앗고 재배에 방해되는 것을 '잡초'라고 부른다. '익숙한 것들과 결별'할 의지가 없는 사람들에게 이러한 정의는 백번 옳다. 이 경우 '큰 것'이란 '작물'이라는 추상적 범주이다. 오로지 인간들에게 이롭도록 오랜 시간동안 변형되고 조절되어 왔던, 그리고 이젠 제 자신의 고유한 속성이라고는 거의 가지고 있지 않은 것들의 추상적 집합 같은 것 말이다. 이 인간중심적인 정의 앞에서 선택된 소수의 종을 제외한 대부분의 식물들은 삶의 터전을 잃는다(선택된 놈들도 제 삶의 방식을 잃어버리기는 마찬가지다).

― 익숙한 것과 결별하는 건 쉽지 않다. 그건 지금까지 누리던 안락함을 포기하라는 것과 다를 바 없다. 내 아이가 내 충고를 받아들이지 못하는 건 바로 이 때문이다. 편하고 싶어서가 아니라 눈앞의 계산이 그 아이에게 잡초가 아니라 작물을 선택하도록 만든다. 우리들의 삶의 질서가 그렇게 인간중심적으로 방향 지어져 있고, 그러한 삶이 궁극적으로 인간 전체를 행복하게 만들 수 없다는 걸 깨닫지 못하는 한 내 아이는

언제까지고 쇠비름과 명아주와 질경이를 잡초라고 부를 것이고, 외국인 노동자들의 검은 피부가 낯설어서 싫다는 말을 아무런 반성 없이 내뱉을 것이다.

— 반복과 순환은 분명히 다르다. 반복은 전체 중의 일부를 소비적으로 되풀이하는 행위지만, 순환은 전체의 유기성을 고려하여 이루어지는 행위이다. 오늘날 우리들의 모든 행위는 결코 순환적이지 않다. 오로지 반복으로 일관되어 있다. 100년 전만해도 우리들의 삶은 그렇지 않았다. 벼농사를 지어 열매는 인간이 먹고 볏짚은 가축의 여물이 되었고, 먹고 난 배설물은 뒷거름이 되었다. 그 어떤 것도 자연의 흐름을 단절시키지 않았고, 모든 생명체는 자연의 순환을 이어주는 고리로서의 역할을 충실히 이행했다. 그러나 지금 우리들의 모든 삶은 철저히 단절적이다. 먹고 난 음식은 다음 고리를 찾지 못해 그걸 분해하기 위해 막대한 에너지를 소비해야 하고, 배설물을 처리하기 위해 또 다른 단절적 행위를 해야 한다. 뿐만 아니라 그 에너지를 얻기 위해 인간들은 전쟁 따위로 인간간의 관계를 철저히 절연시키고 있다.

— 이 끔직한 디스토피아 앞에서 황대권 선생은 짐짓 낮은 목소리로 다만 '잡초'를 '야생초'로 바꾸어 부르라고 말하고 있다. 목소리가 낮으니 잘 들리지 않고, 잘 들리지 않으니 변변찮아 보이지만, '큰 것'의 해악을 알게 되면 그의 '작은' 목소리의 진정성을 깨닫는 건 어렵지 않다.

2004년 여름, 동천이 보이는 문현동

거울과 휴대전화

동물들은 거울을 보지 않는다. 아니 동물들은 거울을 필요치 않는다. 그들은 진화의 과정 속에서, 외부의 시선에 자신이 어떻게 보일지 염려하지 않아도 무방한 생존조건을 선택했다. 그 결과 그들은 인간들처럼 주객분열을 경험할 필요도, 시간에 얽매일 필요도 없게 되었지만, 그 대가로 천적들로부터 언제나 홀로 방어해야 하는 위험을 감수해야 했다. 반면 인간은 거울을 선택함으로써 개체적 노력만으론 결코 가능하지 않을 문명의 이기를 전유하는 혜택을 누리게 되었지만 그 대가로 끊임없이 거울을 통해 타인의 욕망을 훔쳐보아야 하고, 그 욕망을 통해 자신의 모습을 반성하는 일을 영원히 멈출 수 없게 되었다.

그런 의미에서 거울이란 문명화의 과정 속에서 인간들에게 덧씌워진 저주이기도 하지만 동시에 이 실존적인 고통을 인간화의 궁극적인 지향점으로 승화시키는 획기적인 발명품이라고도 할 수 있다. 나 자신이 누구인지 깨닫기 위해서라도 반드시 타인의 시선을 경유해야 하는 비자율성은 분명 저주이지만, 이 저주가 또한 인류 문명을 창발하는 계기로 작용한다는 점에서는 축복이기도 한 것이다. 말하자면 〈백설공주〉에 나오는 마녀의 거울은 저주의 징표이지만, 윤동주의 시에 그려진 거울은 성찰을 가능하게 하는 축복의 상징인 것과 같은 이치다. 그러므로 거울은 외부의 시선과 내면의 의식이 갈등하는 길목이자 그러한 갈등을 타협하는 장소이다.

그런데 요즘처럼 휴대전화를 자신의 신체기관으로 애용하는 한국사람들에겐 거울의 이 효용성은 깨끗이 망실된 듯하다. 휴대전화는 거울과는 완전히 상반된 작용을 한다. 거울이 외부를 끌어들여 내면을 생성시키는 도구라면 휴대전화는 외부를 끌어들여 내면을 소멸시키도록 기능한다. 왜냐하면 거울은 일기를 쓰듯 나 혼자만의 공간으로 우리를 유도해 행위 주체가 바로 자신임을 지속적으로 환기시키지만, 휴대전화는 홀로 있는 모든 시공간을 삭제해버림으로써 행위의 주체적 의지까지 덩달아 휘발시켜버리기 때문이다.

기나긴 인류 역사를 통해 형성된 주체라는 인간에 대한 정의를 한 방에 날려버릴 수 있을 것 같은 휴대전화의 이 놀라운 능력은, 다스려 약으로 쓰면 보약이 되겠지만, 지금 우리의 사정은 전혀 그렇지 못하다. 특히 우리 사회의 모든 영역에서 휴대전화는 종전의 삶의 논리와 윤리를 압도하고 있다. 식탁과 침실, 그리고 지하철 안과 회의장소 등에까지 무차별적으로 공략해 들어오고 있는 휴대전화는 최소한의 공적 선까지 아낌없이 몰아내고 있다. 밥상머리에서조차 가족들의 대화는 말라가는 대신 휴대전화의 독백은 창궐하고, 공적 시선이 마주침으로써 긴장해야 할 공공영역에서는 공적 선이 생성되기는커녕 너덜거리는 사생활들만 포르노처럼 나뒹굴고 있다.

그들, 혹은 우리들은 이제 더 이상 거울에 비치지 않는다. 남의 시선을 아랑곳하지 않으니 나를 생성시킬 수 없고, 내가 없으니 거울 속에 비치는 것은 나가 아닌 유령들일 뿐이다. 유령들은 저승과 이승 사이에 떠도는 길 잃은 존재들이다. 애초에 인간이 선택한 거울 속에도 없고 동물들의 생존방식 또한 선택하기를 거부하고 있기 때문에 모호하게 중간계에서 부유하고 있는 이들은, 인류 역사의 가장 어둡고 습한 곳에서 탄생한 일종의 돌연변이이며, 목적이 없기 때문에 더욱 강렬하게 살 장소를 찾아 헤매는 죽여도 살아나는 영원한 좀비들이다.

하지만 이제, IT강국 한국이 탄생시키고 유포시킨 이 유령들을 제대로 이해해야 할 때가 된 듯하다. 휴대전화가 불러온 버르장머리 없는 젊은이들의 도덕성에 대한 질타성 발언은 그만 접고, 인간과 인간의 주체성에 대한 보다 근본적인 질문으로 돌아갈 필요가 있다. 한국을 먹여 살린다고 떠받드는 IT기술의 총화가 바로 휴대전화인데, 그리고 그 휴대전화가 유령을 생산하고 있는데, 어찌 우리가 유령을 탓하거나, 그들을 제거해야 한다고 말할 수 있겠는가? 이미 우리는 그들 속에 있고, 그들이 곧 나일 때, 도덕성을 보장받는 유일한 방법은 배제함으로써 홀로 살아남는 것이 아니라 수용함으로써 불편을 나누는 일과, 상생의 논리를 힘껏 찾아내는 일이다.

2003년 겨울, 부산역 고속전철 역사

육아일기

내가 경험한 가장 황당한 일은 산부인과 병동에서 일어났다. 아내의 진통이 시작되어 분만실로 들어간 후 나는 긴의자가 여럿 놓인 보호자 대기실에서 TV 연속극의 아버지들이 그러하듯 멍하니, 혹은 초조하게 아이의 건강한 출생과 아내의 무사 분만을 기다렸다. 아니, 더 정확하게 말하면 아이를 태어나게 하는 게 무얼 의미하는 것인지 알고자 애쓰고 있었다. 딱히 내 의지를 내맡길 종교도 없었던 터라 아이의 탄생을 오로지 홀로 온몸으로 받아내지 않으면 안 되었던 것이다. 아내가 물리적 고통을 통해 엄마의 자리를 부여받고 있었다면 나는 그것과는 또 다른, 매우 존재론적 진통을 겪으면서 새로 태어날 아이의 자리를 예비하고 있었던 셈이다.

그렇게 볼품없는 핏덩어리라니. 목청껏 보호자의 이름을 외쳐대는 간호사에게 달려갔을 때, 그녀는 털 뽑힌 도날드덕처럼 거꾸로 매달린 아이를 앞으로 불쑥 내밀고는, 내게 서명을 요구했다. 황당함은 여기서부터 시작되었다. "이 아이가 정말 내 아이인가요?"하고 내가 물었을 때 간호사는 너무나 어처구니가 없다는 듯한 표정으로 "그럼, 이게 누구 아이겠어요?"라고 반문했다. 실상 내가 그렇게 물었을 때는 나에게도 이유가 없지는 않았다. 생각해 보라. 아내의 몸에서 분리되어 하나의 독립된 생명체가 되는 그 순간을 직접 목도한 것도 아닌데, 벌컥 문이 열리고 호명만 하면 의심 없이 달려가 '아이고, 내 아이!' 하며, 안아 들일 거라고 믿는 그 무지막지한 순진함과 오만함은 도대체 어디에서 왔단 말인가. 그런데도 불구하고 '그럼 이게 누구

아이겠냐'고 저렇게 당당히 말할 수 있다니. "그걸 제가 어떻게 알겠어요?"

살다 살다 별 희한한 일도 다 당한다는 표정으로 간호사가 아이를 대롱대롱 매달고 다시 들어간 얼마 후 이번에는 담당의사가 마치 처음 보는 만드릴 원숭이나 구경하듯 나타나 "왜 서명을 거부하느냐"고 매우 형이상학적인 표정으로 물어왔다. 그러더니 머뭇거리는 내 대답을 채 듣지도 않고 다 알겠다는 표정을 지으며, 아내와 날 격리시킨 유리문을 다시 단단히 닫고는 저편으로 사라졌다. 대기실에 앉아 있던 그 많은 사람들의 얄궂은 시선들이 화살처럼 쏟아져 들었고, 나는 아버지에게 거부당해 쫓겨난 핏덩이와 똑같은 몰골로 진실을 차단하고 있는 유리문을 하염없이 바라보고 서 있는 일로 아이와의 첫 대면을 끝마쳐야 했다.

무엇을 믿는다는 건 믿어야 하는 당위성이나 믿게 만드는 권위의 강도와는 무관한 것이다. 믿음은 그저 투명한 절차로부터 얻어지는 자연스러운 결과일 뿐이다. 나는 상대를 볼 수 없는데, 상대만이 나를 볼 수 있는 일방적인 구조에서는 어떠한 신뢰도 생겨날 수 없고, 또 생겨나서도 안 된다. 나는 사람들이 내게 보내는 비난어린 시선의 의미를 모르지 않는다. 절차가 아니라 지금 필요한 건 산모의 건강과 아이의 탄생을 축하하는 일이라고 그들은 말하고 있다. 나 역시 그들의 조건 없는 신뢰에 무작정 기대고 싶기도 하다. 누군들 그러고 싶지 않겠는가. 하지만 난 탄생의 존엄함을 그토록 경박한 삶의 형식으로 감싸고 싶진 않았다.

아이가 태어난 뒤 많은 지인들로부터 축하의 말을 들었다. 그럴 때마다 나는 늘 울고 싶었고 누구에겐가 모를 분통이 터져 견딜 수 없었다. 울고 싶었던 건 아이를 태어나게 한 나 자신의 무책임함을 용서할 수 없어 그랬을 테고, 분통이 터졌던 건 세월이 흐를수록 새 깃털보다 가벼워지기만 하는 우리들 존재에 대한 절망감 때문이었을 것이다. 서른이 채 안 되었을 그 무렵 내가 지인들에게 물었던 가장 빈번한 질문은 '넌 화석연료가 몇 년치나 남았을 것 같니?', '네 사회과학 지식으로 지구는 몇 년쯤 더 살 수 있을 것 같냐?'—지구가 자연사할 것이라 믿는 사람은 없을 터이므로 지구의 수명은 사회과학으로 따질 문제지 자연과학으로 재단할 문제는 아니니까— 등이었다. 그 질문의 끝에서 내 주위에 있었던 친구들은 그 누구도 나에게 낙관적인

답을 들려주지 않았었다. 빌어먹을 자식들, 그런데 웬 축하?

― 사는 건 모순 그 자체이다. 그때의 핏덩이가 열여덟 살이 된 지금에 와서 드는 생각이다. 논리에 어긋나는 것이 새로운 논리를 촉발시키는 계기가 되는 것 또한 세상의 이치이듯, 나는 지금, 아이를 태어나게 하는 힘이 애시당초 나의 것이 아니었음을 안다. 기껏 나는 하찮은 사회과학에 기대 아이의 출생을 혹 거부할 수는 있을지라도, 저 먼 생명의 질서를 그저 훔쳐보는 것조차 가능하지 않음을, 그래서 생명의 물줄기가 흐르고 흘러 절망적인 황무지에도 꽃이 필 수 있음을 이젠 알겠다.

― 하지만 변하지 않는 것도 있다. 투명하지 않는 사실은 진리일 수 없다. 제 아무리 줄기세포라 해도 형식의 천박함을 이겨내서는 안 된다. 진리는 사실의 문제가 아니라 신뢰, 혹은 윤리의 문제이므로.

1994년 여름, 한때 철도청 관사였던 낡은 집, 거제동

익숙한 것들과의 결별

겨울은 왜 이다지 느닷없이 오는 것일까? 어느 날 문득 저녁 이내가 유난히 짙어질 때 눈길은 머물 데를 찾지 못해 서성거린다. 도무지 이 겨울이 익숙해지지 않는 건, 내 눈이 아직도 가을의 그 화사한 햇살을 기억하고 있기 때문이다. 나는 알고 있다. 기억을 지우지 못하는 한, 이 겨울은 가을의 그저 낯선 풍경 하나쯤으로 여겨져 사라져버리고 말 것이라는 걸. 시간은 무위로 흩날릴 것이고, 겨울 삭풍은 내 기억의 옷자락을 더 악착같이 움켜쥐게 만들 것이다.

세월이 너무 빠르게 우리의 몸을 싣고 간다고 느끼게 되는 건, 우리가 더 이상 겨울을 만날 수 없기 때문이다. 두터운 모피코트 속에 몸을 감추고도 우리는 완강히, 지금은 다만 이상한 가을이라고만 주장하고 있다. 하지만 누구에게도 지나간 가을은 두 번 다시 찾아오지 않는다. 오로지 한번, 술패랭이꽃이 피었다 지듯, 그렇게 단 한 번.

겨울을 만나는 건 두렵고도 힘든 일이다. 추위 때문이 아니라 익숙한 것들과 결별할 수 없는 나 자신 때문이다. 마치 지난 날 산길에서 맞닥뜨린 뱀과의 우연한 조우처럼. 뱀은 미동도 않고 우리가 지나가야 할 길에 똬리를 틀고 있었다. 비켜달라는 의사를 전달할 수 있었다면, 아니 우리가 충분히 폭력적이라는 사실을 그가 알고 있었더라면 사정은 조금이라도 나아졌을까? 누군가가 돌을 던져 그에게 상처를 입히고 난 후에야 나는 그에게 한 마디도 말을 건네지 않았다는 걸 알았다. 내가 본 그는 아주 익숙한 뱀이었을 뿐이다. 아주 심드렁하게, "뱀이군" 하고 일갈하면, 자판기에서 깡통음료수가 굴러 나오듯, 나는 그렇게 홀짝 그를 마셔버리고 말았던 것이다.

　　어느 날 숲길을 가다 그를 다시 만난다면 나는 그를 알아볼 수 있을까? 오랫동안 갖고 싶었던 탄노이의 그 풍부한 음향을 구별하듯, 나는 단박에 그를 알아내곤 반가워 채 벗겨지지 않아 너덜거리는 그의 허물을 떼어 내 줄 수 있을까? 내가 그를 뱀과 깡통음료수로 기억하는 한, 나는 볼 수 있을지언정 그를 만나지는 못할 것이다. 지식이 한갓 자기보호막에 불과하다고 단언할 수 있는 건 이 때문이다. 지식이 치밀하면 치밀할수록 바라보는 것은 오직 지식 자신일 뿐이다. 낯선 것은 먹성 좋은 지식의 요깃거리로 사라지고, 그 자리에 남겨지는 건 아주 익숙한 사물들의 이름과 뚱뚱해져 걷기조차 힘든 우리들의 몸뚱이뿐이다.

　　뱀들은 먹이를 삼킨 한 달 후 생존을 건 선택을 해야만 한다. 씹지 않고 삼킨 탓에 소화되지 않은 먹이를 그대로 둘 것인지, 아니면 게워낼 것인지. 이 선택이 잘못되면 음식은 부패를 시작하고 뱀은 곧 죽음에 이르게 될 것이다. 먹는다는 것, 본다는 건 너무나 쉬운 일이지만 게워내는 것과 만나는 것은 이만큼의 선택이 요구된다. 그렇다고 이 선택이 죽음을 담보로 하는 룰렛게임 같은 것은 아니다. 룰렛게임은 고작 부패하고 있는 음식이 아까워 게워내지 않아 느닷없이 맞닥뜨리게 되는 삶의 종말 같은 것이지만, 뱀의 선택은 죽음을 제 곁으로 불러들임으로써 죽음의 렌즈를 통해 사물을 이해하는 일이다. 이 경우에만, 우리는 지식의 힘에 의탁하지 않고 낯선 겨울을 만날 수 있다.

　　어느 순간 아무도 나에게 진실을 말해주고 있지 않다고 느낀다면, 그 비상한 느낌은 나에게 선택의 순간이 도래했음을 알려주는 경고신호임을 깨달아야 하리라. 새 옷을 입고 "멋있어요"라고 말해주길 기다리는 내 얼굴표정에 대고, 딱 그만큼, "멋있어요"라고만 세상이 말하고 있다면, 이미 뚱뚱해진 내 뱃속의 것을 다 게워내야 할 때가 마침내 온 것이다. 그리고 그 순간 우리는 익숙한 것들과 결별해야 한다.

　　익숙해진다는 것은 무엇인가를 지운다는 것이고, 이미 익숙해 있다면 그것은 사물의 허물, 혹은 시간의 잔상만을 보고 있다는 뜻이다. 마치 내 눈 앞에서 빛나고 있는 저 영롱한 별이 수억 년 전에 사라진 빛의 흔적에 불과한 것처럼. 그런데도 우리는 가을의 얇은 옷자락을 부여잡고는 낯선 것들로부터 점점 더 멀어지려고만 하고 있다. 이어폰으로 귀를 막고 핸드폰으로 입과 눈을 차단한 채 완강히, 제 세상만을 고집한다. 지하철과 엘리베이터, 광장과 거리 위에서조차 우리는 그 누구도, 그 무엇도 만나지 못한다. 다만 누군가가 나에게 "뱀이군" 하고 말하는 순간, 나는 깡통음료수가 되어 굴러 떨어진다. 겨울은 그렇게 스쳐간다.

1994년 여름, 영도 영선동 바다가 보이는 골목길

지겨워, 맛있는 건

 아파트 입구에는 1톤 트럭의 적재함을 난전으로 꾸민 과일장수가 늘 후박나무 밑에서 책을 읽고 있다. 경제사정이 최악이었던 7, 8년 전쯤 감자나 양파 등을 어설프게 펼치면서 시작된 터잡기가 이젠 제법 그럴싸해 보이고 펼쳐놓은 품목도 과일로 고정되었다. 처음에는 곧 자리를 뜨겠거니 했다. 그랬는데, 이른 아침부터 자정을 넘긴 시각까지 늘 푸른 후박나무처럼 자리를 지키고 앉아 있다. 아마도 틈틈이 읽어낸 무협소설만 해도 실히 천 권은 넘지 싶다.

 장사에는 사뭇 무심해 보이기까지 하던 그 양반에게 남다른 재주가 있다는 걸 안 건 얼마 되지 않는다. 그걸 재주라고 말해도 될는지 모르겠지만, 적어도 내 눈엔 그렇게 비쳤다. 내가 수박을 달라고 하면, 그는 수박을 고르지 않고 대신 내 얼굴을 빤히 본다. 그리고는 꼭 수박이어야 하느냐고 되묻는다. 내가 머뭇거리면 그는, 어떤 날은 토마토를, 어떤 날은 하우스 귤을, 또 어떤 날은 자두를 건넨다. 생각해 보면 나는 거의 한 번도 마음먹었던 것을 사들고 돌아간 적이 없지 싶다. 희한한 건 오히려 아내 쪽이다. 애초에 그 난전으로 가라고 일러준 것도 아내였고, 살 품목도 아내가 정해준 터였다. 나는 그저 덜렁덜렁 시키는 대로 수박이요, 자두요, 사과요, 하면 그 양반은 수박 대신 참외를, 자두 대신 토마토를, 사과 대신 귤을 주었고, 평소 까탈스럽던 아내는 또 그걸 군소리 없이 받곤 하는 것이었다.

 내가 재주라고 말하는 건 이 다음에 발휘되었다. 과일 맛은 한 번도 우리를 배반

하지 않았다. 수박은 늘 시원했고, 자두는 상큼할 만큼 시었으며, 사과의 육질은 충분히 아삭거렸다. 언젠가는 그 양반이 건네준 노란 살구를 껍질 채로 한입 베어 먹으면서 환호성을 내지르기도 했다. 너무 시어서가 아니라 내 몸 어딘가에 숨겨져 있었을 기억의 다발들이 그 새초롬한 신맛 끝을 따라 자맥질 쳐 올라왔기 때문이다. 기억의 내용은 불투명했지만 어린 시절의 그 빛나던 햇살과 먼지 냄새가 한데 뒤엉킨, 마치 외갓집 고방에서 내 딱지상자와 맞닥뜨렸을 때의 그 환한 느낌 같은.

그랬는데, 아이가 방학이 되어 집으로 돌아와서 식탁에 놓인 과일들을 먹어보곤 투정을 시작했다. 하나같이 달지 않다는 거였다. 그제야 우리는 과일장수의 그 비범함의 정체를 알게 되었다. 우리를 매료시켰던 건 단맛이 아니라 과일들 저마다의 맛의 고유성이었다. 실 건 시고, 달 건 달고, 시원할 건 시원했다. 딱, 그뿐이었다. 자두가 터무니없이 단맛을 내비치지도 않았고 사과의 육질이 과장되게 부드러운 듯 허세를 부리지도 않았다.

언제부터였을까, 우리의 과일들이 맛있어지기 시작한 건. 어느 과일이나 당도가 높아졌고 마치 모두 열대과일이 되기 위해 안달이 난 것처럼 풍부한 과즙에 육질조차 부드러움을 좇아갔다. 이 과정에서 홍옥과 국광의 자리에 아오리와 부사가 주인 행세를 하고 있고, 캠벨이나 피자두, 신고배 등이 재래종들을 내몰아 버렸다. 애국자임네 내세울 바도 없고 농가수입만 좋아진다면 재래품종이면 어떻고 외래 개량품종이면 어떨까 마는, 그래도 미진함은 남는다. 마뜩찮은 건 모두가 한결같이 똑같아진다는 사실이다. 다들 맛있긴 한데, 배 맛도 사과 맛 같고, 사과 맛도 바나나 맛 같고, 귤 맛도 오렌지 맛과 다르지 않다. 말하자면 과일들이 제 고유의 맛을 버리는 대신 도시인들의 맛의 취향을 제 맛인 양 취함으로써 전도된 맛의 균질화가 이루어진 것이다.

예쁘게 보이려는 연애의 전략은 오히려 사랑을 잃게 만드는 법. 달고 부드럽게 변하면 변할수록 모든 과일들은 쉬 물린다. 그러니 더 빨리 변해야 하고, 더 빨리 자신의 고유성을 버려야 한다. 돈이 무서운 건 이 때문이다. 자본은 무엇이든 자신이 원하는 대로 사물을 바꾼다. 아니, 모든 사물을 자신과 똑같이 만든다. 모든 품종을

단일하게 만들고, 모든 여성의 허리를 개미허리로 만들고, 우리들의 꿈을 한결같이 똑같이 만든다. 무서운 건 또 있다. 자본은 자신과 똑같지 않은 것들을 결코 세상에 남겨두지 않는다. 새로운 품종이 돈이 된다는 것이 알려지면 이전의 품종은 아낌없이 버려진다. 그리고 이렇게 단일해진 품종들은 병충해에 대해서도 똑같은 방식으로, 단번에 초토화된다.

    오늘도 과일장수는 후박나무 아래에서 무협지를 읽고 있다. 그는 자본이 휩쓴 중원의 질서를 회복하기 위해 과일을 팔고 있는 중이다. 잊혀진 맛을 건네주면서, 은밀하게 속삭인다.

    "맛있는 건 지겨워."

멀리 있는 아이야!

운동장 느티나무에는 꽃이 피었나?

    아마 네 눈에는 느티나무 꽃이 안 보일 테지. 자세히 보면 느티나무에도 꽃이 있단다. 잘 보이지는 않지만 단풍나무에도 지금쯤 꽃이 한창일 것이다. 한번 가지를 당겨서 찬찬히 살펴 보거라. 이쁘지는 않을 테지만 벌이 모여들기엔 충분할 만큼의 꽃은 있다.

    모든 꽃이 사람들의 시선을 끌 만큼 다 화려하지는 않다. 당연한 이야기겠지만 화려한 데는 그만한 이유가 있을 것이고, 그 이유가 충족되지 않는다 해서 꽃이 아니라고 말할 수는 없지 않겠니? 꽃이 피었다 지는 건 생태계의 근본이니 우리들 사람들이 개입하고 말고의 여지는 없겠지만, 보이지 않는 꽃에 관심을 기울이는 건 생태계를 위해서가 아니라 그 생태계 속에서 살아가고 있는 인간 자신들의 자기 성찰을 위한 것이다. 화려한 것에 미혹되어서 화려하지 않은 것을 경원시하는 어리석음으로부터 한 발자국 물러서는 것, 뿐만 아니라 화려한 것만을 꽃이라고 부르는 논리적 폭력을 반성하는 것, 그런 것이 느티나무 꽃을 '살펴보아야' 하는 이유이다.

작년에 밀양 선생님 댁에서 마가렛 모종을 한 수레 싣고 와 연구실 앞마당에 심어놓았더니 올해는 뿌리를 뻗어 제법 마가렛 밭이기나 한 듯이 여기저기서 꽃을 피우기 시작했다. 그런데 그 하얀 꽃잎에 어찌 그리도 비리(진딧물)가 많이 끓는지, 차마 보기가 애처로울 지경이다.

　　그 꽃을 보면서, 널 생각한다. 18살이면 네 몸에도 한창 비리가 들끓을 때이다. 비리가 많다는 건 풀 대궁과 꽃이 달다는 것을 의미하는 것일 터인데, 네 몸과 정신도 지금 한창 단 냄새를 풍기며 세상의 비리를 네게로 불러들이고 있을 것이 틀림없다. 네가 원하든 원하지 않든, 누구나 그 나이가 되면 아주 자연스럽게 그렇게 되는 것이 세상의 이치이다. 어른이 되기 위해 네 몸이 뿜어대는 향내가 비리를 불러오고 있는 것이라면, 비리를 물리침으로써 네가 여전히 아이임을 증명해야 하는 것이 아니라 비리들과 슬기롭게 사는 법을 배워 멋진 어른이 되는 것이 지금 네가 감당해야 할 일이다. 그러니 물리치지 말고 비리가 전해주는 세상 이야기에 귀를 기울여라. 비리는 네 몸에 붙겠지만, 네 정신은 비리를 바라봄으로써 비리를 통제하는 힘을 얻게 될 것이다. 깊이 생각해 보거라. 중요한 것은 맹목적으로 몸을 따르는 것이 아니라 비리가 붙은 몸을 멀리서 바라보는 일이다.

　　비리가 너무 네 몸을 괴롭히면 가끔 느티나무 꽃들을 찾아라. 관심 받지 못하는 것, 숨겨진 것들을 들추다 보면 어느덧 네 몸에 붙은 비리가, 떨쳐버릴 수 없는, 평생 네 삶이 짊어지고 가야 할 운명 같은 것임을 깨닫게 될 것이다. 그런 깨달음이 널 충만하게 할 날이 빨리 왔으면 좋겠다.

　　중간고사가 곧 닥쳤으니 마음이 편하지 않겠다. 힘들겠지만, 잘 견뎌내렴. 맛있는 수제비를 먹으려면 밀가루 반죽에 정성을 쏟지 않을 수 없잖아? 먼저 밀가루가 든 양푼에 물을 적당히 붓고, 열정 한 스푼, 희망 반 스푼, 그리고 엄마 아빠에 대한 사랑 1/4 스푼을 넣은 후, 힘차게!

　　귀가하는 날 보자. 그 동안 건강하길 빈다.

　　멀리서 아빠가.

내셔널 지오그래픽을 보는 법

왜 나는 꼭 해가 지고 어두운 밤이 되어서야 〈내셔널 지오그래픽〉 채널을 보는 것일까. 낮의 논리를 피해 숨어든 초원의 덤불 사이에서 내가 보고자 하는 건 무엇일까. 야비한 하이에나와 고독한 표범, 연약한 가젤과 소심한 설치류들이 벌이는 죽거나 혹은 죽이거나의 난장을, 카메라 너머에서 바라보는 이 안락함은 또 얼마나 불순한가. 카메라 뒤에 숨어서, 죽인다는 게 무엇인가의 죽음을 동반한다는 걸, 잊는다. 마찬가지로 죽음의 공포 앞에서 죽임은 전혀 실존적으로 다가오지 않는다. 그럼에도 이 일방적인 생의 질서가 우기의 폭우처럼 그들과 우리를 집어삼킬 때 이 어리석은 맹목은, 늘 우리를 위로하기까지 한다. 해가 진 지금, 전쟁을 치른 낮의 상처가 새삼스럽게 아려오고, 이 상처를 잊기 위해 텅 빈 눈으로 죽임과 죽음 중의 하나에 낮의 피로를 싣고 있다.

오늘도 연속극이 모두 끝나고 건너편 아파트의 거실 실내등이, 움푹 움푹, 함몰되어 갈 무렵, 세렝게티 초원을 달려가는 누(gnu) 떼들에 나는 시선을 빼앗긴다. 건기를 맞아 먹을 풀이 없어지자 누 떼는 초원의 반대편으로 끝이 보이지 않는 행렬을 이룬 채 장엄한 이동을 시작한다. 호시탐탐 사자들과 하이에나들이 그들의 발걸음을 막거나 재촉하고, 삶은 초원의 열기 속에서 더욱 뜨거워진다. 그러나 행진의 장엄함은 볼거리의 단조로움을 이기지 못해 짧게 거두어지고, 그후 카메라는 오직 죽고 죽임의 사투에만 끈질기게 집착한다. 하지만 오늘 밤, 나는 이 상투적인 사투의 율동 속에서, 기어코 그들의 짧고 강렬한 생의 절규를 듣고야 만다.

천적들과의 계속되는 생존 경쟁을 치르면서 누 떼들은 마침내 단애가 진 강가에 도착했다. 먹이를 얻기 위해서는 강을 건너야 하지만 급류는 만만해 보이지 않고 굶주린 악어 떼 또한 위협적으로 버티고 있다. 누 무리를 이끌던 우두머리는 숭고한 모습으로 앞으로 나와 가장 위험이 적은 곳을 탐색한다. 끝없이 밀려드는 누 떼에 떠밀려 앞선 누들이 더 이상 단애 위에 서 있을 공간조차 없어질 때까지 그의 탐색은 아주 느리고 진지하게 계속되었다. 그러다가 어느 순간 우두머리 누가 가장 안전한 곳을 골라 마침내 강물에 뛰어들자, 단애 위에 서 있던 그 엄청난 수의 누 떼들은 한결같은 움직임으로 높은 단애 위에서 뛰어내려 우두머리 누가 가로지르는 물살을 따라 거침없이 헤엄쳐 강을 건너기 시작했다.

여기에 작은 사건이 하나 발생했다. 언덕에서 뛰어내리던 어린 누 한 마리가 다리를 다쳐 절뚝거리게 되었고, 이 때 강을 거의 다 건너가고 있던 어미 누가 새끼 곁으로 되돌아와야 했는데 그 때는 이미 누 떼들의 도강이 거의 끝나가고 있던 무렵이었다. 어미는 절뚝거리는 새끼를 이끌고 무리를 따라잡기 위해 새끼보다 한발 앞서 위험이 아가리를 벌리고 있는 강 속으로 주의 깊게 뛰어들었다. 그러나 안타깝게도 빠른 물살과 악어들이 어미를 덮쳤고, 불행 중 다행으로 그 사이를 이용해 새끼만은 겨우 강을 건너 무사히 무리 속에 합류할 수 있었다.

안타까움에 소파에 기대고 있던 등은 무심결에 곤추서지만 나는 결단코 이를 모성애라고 명명하지 않기로 한다. 대신 나는 이 사투 속에서 그 어떤 보호막도 없이 하나의 생명이 세계 앞에 홀로 우뚝 서는 존재자의 위용을 본다. 이루 헤아릴 수 없을 만큼 많은 수의 누들이 위험을 불사하고 강을 건넜지만, 그럼에도 강이라는 대상의 진정한 국면과 만나는 존재자는 많지 않다. 대부분의 누들은 오로지 우두머리 누

가 이끄는 대로 단애에서 뛰어내리거나 강을 건넜을 뿐이다. 그 과정에서 더러 어떤 놈은 급류에 휩쓸려 떠내려갔고 혹은 악어의 먹이가 되기도 했겠지만 사실상 그놈들조차 강의 진정한 국면과 맞닥뜨린 것은 아니다. 그들 중 오로지 두 마리! 그 두 마리의 누만이 강과 온몸으로 대면한다. 우두머리 누와, 다친 새끼를 데리고 강을 건너기 위해 우두머리 누와 똑같은 방식으로 강을 탐색하지 않을 수 없었던 어미 누, 바로 그 둘.

― 존재자들이 내지르는 생의 절규는 처절하지만 초라하지는 않다. 영웅과 거장이 사라져버린 이 시대, 인간의 세상에서 이 절규는 더 이상 들려오지 않는다. 하여 카메라는 갖은 기교를 동원해 영웅과 거장을 생산해내지만, 천만에, 세상 사람들은 그

러면 그럴수록 더 푹신한 소파에 몸을 묻고는 초인의 생을 가볍게 소비할 뿐이다. 마치 내가 내셔널 지오그래픽을 늦은 밤에만 켜듯, 죽거나 혹은 죽이거나의 쟁투는 카메라의 속, 혹은 그 뒤에서 그저 훔쳐보기의 대상이 될 따름이다. 이 순간, 숭고함은 사라지고 나의 밤은 낮의 초라한 포로가 된다. 칠흑 같은 어둠 속에서조차 홀로 자신의 오감으로 세상을 맞는 대신, 텔레비전에 신경을 연결하곤 누군가가 밝혀주는 등불을 따라나선 이 밤, 나는 도달할 곳이 어디인가를 몰라 두려운 것이 아니라, 오직 내셔널 지오그래픽이 끝날까, 두렵다.
― 진정 끔찍한 절망은 절망하지 않는다는 것이다.

2006년 여름 부전시장 상가를 개조한 5층 주차장

결핍으로부터 배우기

얼마 전 나는 장 자크 상페가 쓰고 그린 『라울 따뷔랭』이란 책을 보곤 지금까지 내가 가지고 있던 동화며, 수필이며, 수상록 등에 대한 장르적 편견을 버려야겠다는 생각을 했었다. 고백컨대 나는 이런 부류의 책을 좋아하지 않으며, 나와 수업을 같이 하는 학생들이 이런 부류의 책을 읽는 것도 '결코' 용납하지 않는다. 그런 학생들을 보면 나는 대뜸 "니 삶을 통찰하고 싶다면 차라리 시민운동이나 하는 게 어때?"하고 말하곤 했다. 내가 이렇게 말할 때마다 학생들의 저항도 만만찮지만 그렇다고 나 역시 호락호락 물러서지는 않는다. 내가 학생들에게 하고 싶은 말은 삶을 통찰하기에는 아직 그들의 사회적 경험이 너무 부족하다는 것이고, 경험 없이 얻어낸 통찰(이런 건 통찰이 아니겠지만)은 선무당 사람잡기 딱 알맞다는 것이다.

    나는 종종 학생들에게 서른이 되기 전에 효자가 되거나 도덕가가 되지 말라고 일러왔다. 한번 상상해 보라. 이제 갓 스무 살이 된 아이가 효자가 된다는 것이 얼마나 끔찍한 일인지. 아마도 그 나이에 효자가 되기 위해서는 봇물처럼 터져 나오는 제 몸속의 반란을 모두 차곡차곡 접어야 할 것이다. 말하자면 온몸에 억압과 규율을 새겨야 한다는 뜻일 터이고, 사랑이 뭔지도 모르는 채 그 사랑을 실천해야 한다는 것을 의미하는 것이다. 그 대상이 부모든 아니면 연인이든 말이다. 그렇게 착해빠진 아이들이 나중에 나이가 더 들어 세상의 온갖 모순들을 만날 때 그들은 그것에 어떻게 반응할까? 제 몸을 더욱 학대하거나, 세상을 증오하는 가학적 태도를 갖게 되거나, 그도 아니라면 필시 극단적인 허무적 태도를 갖게 될 게 분명하다. 그러니 스무 살쯤에는 제 몸이 질러대는 아우성에 먼저 귀를 기울여야 하고, 부딪히는 세상일과는 싸우면서 지내야 한다. 그래야만 어차피 모순적일 수밖에 없는 세상과 넉넉하게 조화를 이루면서 사는 법을 알게 되고, 뒤늦게 효자가 되기도 하는 것이다.

― 그럼에도 불구하고 나는 지금 『라울 따뷔랭』을 권하고 있다. 그 이유는 두 가지다. 하나는 그가 해주는 이야기 때문이고, 또 하나는 그가 그려놓은 수채화풍의 그림 때문이다. 먼저 이야기부터. 라울 따뷔랭은 자전거포 아저씨다. 이 책이 따뷔랭의 어린 시절부터 이야기하고 있으니, 따뷔랭이 처음부터 자전거포 주인이었을 리는 없겠다. 하지만 작품의 처음에서 끝까지가 모두 자전거와 따뷔랭에 대한 이야기일 뿐이니 '그는 따뷔랭집 주인이다'. 말이 좀 이상하지만, 이 책의 질서에 따르자면 틀린 표현이 아니다. 이 동네 사람들은 무엇인가에 달인이 되면 그 무엇인가의 이름을 그 달인의 이름으로 대체하곤 하는 것이다. 말하자면 프로냐르라는 사람이 햄을 귀신같이 잘 만들면, 사람들은 식육점에 가서 "프로냐르 두 쪽만 주세요."라고 말하는 식이다. 이 동네는 그런 사람들이 따뷔랭과 프로냐르 말고도 근시나 난시 등을 교정하는 비파이유가 있으며, 그래서 사람들은 안경을 찾으면서 "혹시 내 비파이유 못 봤어요?" 하고 묻곤 한다. 이런 발상은 참 재미있어서 누가 책을 읽든 쉽사리 매료된다. 내가 수 십 년간 골목청소를 너무 정갈하게 잘해왔다면, 혹시 우리 동네사람들이 빗자루를 찾을 때, "얘, 혹시 박훈하 어디 두었는지 모르니?"하고 말할 걸 생각해 보라. 그 얼마나 멋진 일일까?

― 하지만 지금 우리의 삶 속에선 그런 일은 아마도 일어나지 않을 것이다. 아무 것도 얻을 게 없는 비질을 수 십 년간 계속할 착한 사람이 우리 주위에 없어서가 아니라, 그 긴 시간동안 그걸 지켜봐 줄 사람이 없기 때문이다. 우리의 도시적 삶이라는

게 워낙 그렇지만 수 십 년간 한 공간에 머물면서 시간의 때를 켜켜이 쌓아갈 수 있을 만큼 복된 사람이 얼마나 될까. 이 책의 전반부에서부터 독자들이 매료되어 버리는 건 우리의 몸 어딘가에 새겨져 있을 정주에의 향수를 이런 식으로 슬슬 건드리기 때문이다. 시간의 묵은 때가 없고서는 도저히 가능할 것 같지 않은 사람들 간의 정리가 이 책에서는 아주 조그만 에피소드에 불과하다는 듯 시치미를 뚝 떼고 심드렁하게 그려져 있다.

    그런데 이 따뷔랭에게도 엄청나게 큰 고민이 하나 있다. 사람들이 자전거를 따뷔랭이라고 부를 정도로 자전거엔 통달한 그가 정작 자전거를 타지 못하는 것이다. 어린 시절부터 넘어지지 않고 자전거를 타보려고 아무리 노력해도 그에겐 선천적으로 균형을 잡을 수 있는 능력이 없었던 것이다. 자전거를 못 타는 사람이 둘만 있었더래도 그는 자전거를 타지 못한다는 이 단순한 장애를 평생 숨기려 하지는 않았을 터이지만, 장애가 너무도 평범한 곳에서 발생했기 때문에 그는 그것을 계속 극복하려 했을 뿐 장애로서 받아들이지 못했던 것이다. 그러므로 사람들에게 숨겼던 것이 아니라 극복하리라 믿었던 시간이 너무 길었기 때문에 그는 아무에게도 진실을 말하지 못하고 우스꽝스러운 비밀을 평생 지니면서 살아갈 수밖에 없었다.

    하지만 이 장애가 고민과 고통만을 가져다 준 건 아니다. 어린 시절부터 그 장애로 인해 그는 넘어지면서도 다치지 않고 공중제비 돌아 착지하는 법이라든지, 혼자서 붕대 감는 기술, 혹은 극미한 진동이나 어떤 작은 기미에도, 눈물겨운 그의 자전거타기 노력을 목격할 사람이 나타날 것을 미리 감지하는 기술 등을 익히게 되었고, 그리고 무엇보다 자신의 실패의 비밀을 밝히고자 자전거의 모든 부분들을 줄기차게 연구하게 되었다는 사실이다. 그로써 그는 따뷔랭집의 주인이 되었고, 사람들이 자전거를 타고 세상의 변화에 그만큼 더 빨리 달리고 있을 때 그는 천천히 산보하듯 세상과 만날 수 있었던 것이다. 말하자면 그의 결핍과 재능은 동전의 양면이었던 셈이다.

    이런 사실을 깨닫게 되는 걸 통찰이라고 말하는 것인가? 넘치는 것과 부족한 건 구조적인 측면에서 보면 마치 동위각처럼 닮은꼴을 하고 있다. 그러니 모르긴 해도 통찰이란, 제 속의 결핍과 세상이 만나 만들어내는 날카로운 모서리를 함부로 치세우지 않고 찬찬히 그 짝패를 찾아가는 능력을 뜻하는 것일 터이다. 따뷔랭이 그랬듯 흐르는 강물처럼 제 결핍을 오랫동안 시간 속에 묵혀 놓고 바라보았던 덕에 사람들은 따뷔랭의 그 결핍의 자리에 이름을 붙여준 것이다. 따뷔랭이라고. 그렇다면 통찰이란 건 따뷔랭 자신이 얻고자 한다 해서 얻어지는 것은 아니다. 제 결핍을 오랜 시간 바라본 건 자신이지만 그 결핍에 짝패를 가져다주는 사람은 따뷔랭이 아닌, 그의 주위 사람들이다. 이건 이상한 역설 같지만 그렇다고 결코 억측은 아니다. 선무당이 사람 잡게 되는 건 사람들 속에서 만들어지는 상대적 시간을 절대적 시간으로 오해하기 때문이다.

그의 그림이 우리에게 와 닿는 것도 딱히 잘 그린 그림이어서가 아니라, 타인이 스며들 수 있을 만큼의 여백을 작품 속에 늘 비워놓고 있기 때문이다. 그는 책의 판형이 자기 그림의 액자가 된다는 것을 정확히 알고 있었던 사람이다. 그래서 그에게는 지면 위의 문자(typography)조차 디자인으로 격상된다(번역을 하면 이러한 작가의 의도는 상당 부분 훼손될 것이지만). 말하자면 삽화가 글 내용의 보충적인 존재로 남는 게 아니라 그림과 글이 서로 어우러져 그 속으로 독자까지 불러들이는 아주 민주적인 모습을 얻고자 하는 것이다. 그래서 그림의 선은 마치 에칭처럼 얇지만, 그 대신 날카로움을 없애기 위해 굵은 붓질로 묽고 담백한 여백을 마련하고 있는 것이다.

이 작품을 보고/읽고 삶의 통찰을 얻고자 한다면, 먼저 제 시선을 거두고 작가의 이야기 방식에 귀기울이기부터 해야 할 듯하다. 통찰은 독자의 시선으로부터 오는 것이 아니라 오감을 열고 작품이 우리 몸을 뚫고 지나가길 기다리는 침묵 속에서 오는 것이다. 혹시 그 기다림 끝에 뭔가가 남는다면, 그게 결핍이며, 통찰이 아닌가.

포르노라는_도깨비

할아버지께서 말씀하셨다. "산길에서 도깨비를 만나면 위를 쳐다보지 말아라." 치떠 보면 도깨비의 키는 점점 커질 터인즉, 도깨비에게 홀리지 않으려면 먼저 제 정신부터 단속해야 한다는 뜻일 것이다.

예전에 할아버지는 산 속에나 가야 도깨비를 만났겠지만, 지금 우리는 벌건 대낮에, 그것도 어디에서나 만나게 된다. 실체가 없는 것들, 그러나 헛것일망정 우리의 일상적 논리의 헤진 곳을 파고들어 구멍을 만들고 급기야 일상을 송두리째 빨아들이고야 마는 그것들은 온갖 자태로 공적인 공간과 사적인 공간을 가리지 않고 떠돌아다닌다. 예전부터 도깨비의 형상에 대해서는 의견이 분분했다. 다리미 모양이라거나 빗자루 모양이라거나 혹은 머리에 뿔달린 외눈박이일 수도, 야시 같이 이쁜 여인네의 모습일 수도 있다. 이렇게 의견이 분분한 것은 그것이 다만 언어의, 혹은 존재의 그림자이기 때문이다.

포르노는 도깨비다. 실체가 아니기 때문에 그러하고, 그럼에도 불구하고 우리들을 엄청난 흡입력으로 끌어당기는 물리적 힘을 갖기 때문에 또한 그러하다. 헛것에 기원을 둔 이러한 물리적인 힘은 우리 사회의 삶의 논리가 좁으면 좁을수록, 경직되면 경직될수록 강화된다. 그러므로 그 논리의 하수인일 수밖에 없는 우리들은 거리에서, 사이버공간에서, TV와 영상매체 속에서 도깨비를 만나면 어쩔 수 없이 눈을 치뜨게 된다. 짐승들은 거울 속의 제 모습을 보지 않지만 인간인 우리들은 거울과,

거울을 빙자한 여러 매체들 속에서 삶이 꼴을 갖추려 하는 순간(애당초 삶이 어떤 꼴을 갖추고 있을 리 만무하지 않는가. 다만 필요에 의해 우리들은 성급하게 삶에 논리와 꼴을 부여하려 할 뿐이다), 언제나 우리 자신들의 슬픈 자화상을 본다. 아니 보게 된다. 거기엔 일상적 삶의 논리로부터 배제된 '순수'가 숨어있지만, 그렇다고 그것이 우리들 순수의 모습 그 자체이지는 않다. 지독하게 왜곡된 모습으로 재현된다. 그럴 수밖에 없는 것이 '순수'를 거울 너머로 쫓아버린 우리의 일상적 삶의 논리가 그만큼 왜곡되어 있는 탓이다.

성이 순수한 것은 사실일지도 모른다. 그러나 성을 순수하다고 언표하는 것은 옳지 못하다. 왜냐하면 우리는 순수한 성을 사유할 수도 볼 수도 없기 때문이다. 우리가 알고 있고 보고 있는 모든 성은 언어 속에 갇혀 있다. 그러므로 성을 마치 실체인 것처럼 언표하면 그것은 바로 도깨비로 화한다. 설사 성이, 도깨비가 착하고 순결한 것이라 말할지라도 사정은 마찬가지다(옛날 이야기 속에서 가끔 '착한' 도깨비를 만나기도 한다. 그러나 이 '착함'의 인식은 후체험적인 것이거나 제3의 시선으로 비롯된 것이지 도깨비를 만나는 그 즉시, 혹은 바로 그 당사자가 인식하게 되는 것은 아니다). 성은, 혹은 포르노는 이미지일 뿐 감각에 기초해 있는 것이 아니다. 따라서 〈포르노가 나쁜 것이냐 그렇지 않느냐〉는 따위의 질문은 이미 잘못되어 있다. 그것은 거울 속에 비친 사물의 그림자를 놓고 왈가왈부할 수 없는 이치와 같은 것이다.

그러므로 포르노가 성적 욕망을 생산한다거나(윤리의 이름으로 칼질하는 모든 검열기관들이 이렇게 말한다) 혹은 그 반대로 포르노가 성적 해방에 기여한다는 주장('성적 억압'에 맞서겠다고 설쳐대는 사이비 페미니스트들은 또 이렇게 주장하기도 한다) 또한 마찬가지다. 곰곰이 생각해 보자. 포르노를 보면서 정작 우리는 무엇을 보고 있는가? 그런데 포르노는 우리에게 무엇인가를 보여주고 있기나 한 것일까? 그렇지 않다면 우리는 포르노를 보기 전에 '이미' 포르노적 상상을 갖고 있었으며 그것을 다만 포르노 속에서 발견하는 것은 아닌가?(이 경우라면 포르노 그 자체는 아무 의미를 지니지 않는다. 다만 그것은 우리로 하여금 욕망에 형태를 부여할 수 있도록 도와줄 뿐이다)

— 그렇다. 포르노는 우리에게 결코 아무 것도 보여주지 않는다. 다만 자신의 성적 환상을 포르노 속에 덧칠할 뿐이다. 그러니 포르노는 존재하지 않는 헛것에 불과한 것이다. 중요한 것은 포르노를 보거나 보지 않는 행위가 아니다. 치통이나 생리통에 진통제를 먹을 수도 안 먹을 수도 있으며, 그것은 다만 개인의 선택에 한정된다. 오히려 문제가 되는 것은 포르노를 금지/개방하면서 조작이 강화되는 삶의 일상적 논리이며, 이로 인해 우리의 존재의 시원(始原)과 그 순수가 철저히 지워지고 만다는 사실이다.

— 성해방론자들이 곧잘 설득력을 잃는 건 바로 이 때문이다. 성의 해방? 그런 건 없다. 모르긴 해도 성의 해방이란 표현은 성적 억압으로부터의 해방을 의미하는 것이겠지만, 그렇다 하더라도 이 말이 의미하는 바는 지나치게 모호하다. 현대사회에서 성은 의식의 수면 위에 떠오른 빙산의 일각일 뿐이다. 수면 아래에는 성이라는 이미지를 실체로 오인하게 만드는 거대한 통제장치들이 숨겨져 있다. 그 위에서 다만 성은 실에 매달려 춤추는 꼭두각시(marionette)일 뿐이다. 그러므로 정작 성을 제대로 논하기 위해서는 성을 주체로 이야기해서는 안 된다. 꼭두각시는 오로지 실에 매달려 춤출 뿐 그것 자체가 동작주는 아니니까 말이다.

— 이 사실은 그 옛날의 할아버지까지도 이미 알고 있었던 사실이다. 산에서 만난 도깨비는 다름 아닌 바로 제 비틀린 삶의 형상이며, 그래서 그놈을 치떠 볼 때 우리에게 보이는 것은 도깨비가 아니라 제 삶의 공포라는 것을.

1994년 봄, 광안리 바닷가 노래 연습장 입구

퀴즈 왕국

여든을 훌쩍 넘기신 모친이 가장 즐겨보시는 TV 프로그램 중 단연 으뜸은 퀴즈다. 소파에 기대앉아 심드렁하게 이곳저곳 채널을 돌리시던 손동작이 딱, 멈추는 순간, 거기에는 영락없이 퀴즈가 있다. 때론 '골든벨'이 울리기도 하고, 때론 '대한민국'을 간판으로 내건 퀴즈대회이기도 하고, 또 때론 아예 '퀴즈가 좋다'고 아우성치는 프로그램일 때도 있다. 그런 순간이면, 어머니는 벌써 소파에서 내려와 한판 진검 승부라도 벌이는 양, 바짝 다가선 TV와 기 싸움을 시작하신다.

  그런데도 나는 불경스럽게도 노모의 이 열정을 이해하지 못한다. 아니, 몇 번쯤 나는 어머니의 등 뒤에서 당신을 몰아(沒我)케 하는 텔레비전의 그 신묘한 재주를 훔쳐본 일이 있긴 있었다. 하지만 사회자가 '배아줄기세포를 치료목적용으로 이용하기 위해 수정란을 사용하지 않는 이유' 따위를 물을 때, 나는 이런 질문이 피워대는 심한 피비린내를 계속 맡고 있을 수가 없어 슬그머니 자리를 피해버리고 말았다. 비린내는 질문의 특정 소재 때문이 아니라 하나의 통합적 유기체로 기능해야 할 지식이 조각조각 동강나거나 그 조각들 사이로 파고드는 효용성이란 섬뜩한 칼날 끝에서 괴어 나곤 했다. 물론 이런 고약한 냄새야 소수의 먹물들에게나 풍겨올 얼치기 관념에 불과할 수도 있으니 그렇다손 쳐도 배아줄기세포니 수정란이니 생명윤리니 하는 어려운 문자를 맥락화하기에는 턱없이 부족한 지적 능력을 감안하면, 어머니의 이 퀴즈에의 몰입을 도대체 어떻게 이해해야 할지 나로서는 막막하기 그지없었다.

실제로 어머니는 연세도 연세려니와 신식교육이라곤 소시 적 야학과정이 전부이니 당신으로선 하나도 맞추지 못할 퀴즈방송이 어찌 재미있을 수 있단 말일까. 하지만 생각해보면 이런 의문은 그다지 낯설지 않다. 몇 해 전 6월, 월드컵 경기가 한창일 때도 그랬었던 것 같다. 축구라는 경기가 몇 명의 선수를 필요로 하는지, 게임의 규칙이 어떠한지조차 알지 못하던 어머니가 돌아올 경기를 목놓아 기다리고 또 게임이 시작되면 엄청난 집중력으로 관전하시곤 했던 기억을 되살려보면 능히 있을 법한 일이라는 생각이 든다. 어머니의 관전포인트는 주체화와 승부이다. 대상을 선택해 당신과 동일시하고 이 과정이 끝나면 분할과 배제만으로 작동하는 승부에 당신의 몸을 마냥 싣는 것이다. 그러니 질문의 내용이나 형식이 고려의 대상일 수는 없는 것이다. 지식이 조각나 피를 흘리는, 혹은 지나친 단순화로 앎이 사회적 독이 되든 그러한 우려는 결코 당신의 것이 아니니 문제될 것이 없고, 다만, 당신이 선택한 누군가가(아니 이미 동일시되었으니 당신 자신이기도 하다) 혹 일등의 자리에 오르지 못하면 어쩌나, 또는 상대가 너무 잘해 일등의 자리에서 미끄러지면 어쩌나, 하는 그 실낱같은 조바심과 사특한 휴머니즘이 퀴즈에 사로잡히는 유일한 이유이고 또한 그것만으로도 충분했을 터이다.

그러므로 어머니가 보시는 퀴즈 프로그램이 흔히들 생각하듯 질문과 답이 서로 화답하고 세계에 대한 이해를 도모하는 계몽성에 기초해 있다고도 믿기 어렵고, 당신 또한 그런 내용적 요소에는 일무관심인 건 확실하다. 그리고 이 사실은 비단 나의 어머니께만 해당되는 것이 아니라 이 나라 퀴즈프로 중독자들 모두에게 그대로 적용됨 직하다. 자세히 보면, 이 프로그램은 속물스러운 자본주의적 삶과 형식적으로 너무나 닮아있다. 그러니 퀴즈 프로그램의 형식이 일종의 가학증에 기반해 있다는 건 전혀 놀라운 사실이 아니다. 이 말은 내가 올라설 때 누군가는 짓밟혀야 하고, 내가 뭔가를 쟁취하는 순간 누군가는 빼앗겨야 한다는 끔찍하고도 조악한 권력 순환 자체만을 우려하는 것이 아니다. 오히려 우려는 그 너머에 있다. 잡아먹고 잡아먹히는 일이야 자연계의 생리일 수 있을 터이다. 그렇다 하더라도 삶의 형식 그 자체가 오락과 유희의 대상이어서는 안 된다. 가학증이란 남을 학대하는 구조의 문제가 아니라, 가일층 이 구조를 쾌락의 대상으로 삼겠다는 살벌하기 그지없는 대중들의 심미적 감성 구조를 뜻하는 것이다.

나는 오늘도 퀴즈프로에 탐닉하는 어머니의 등 뒤에서, 아이러니하게도 작고 여린 것에서 늘 마음의 눈을 떼지 못하시던, 내 어린 시절의 작고 동그란 어머니의 등을, 동시에 회억한다. 도대체 그 무엇이 이토록 낯설고도 모순된 두 얼굴을 어머니의 몸 속에 가둬놓은 것일까? 저 끔찍한 퀴즈-서바이벌게임을 끝낸 후, 어머니는 삶의 무게에 눌려 왜소할 대로 왜소해진 이 막내를, 또 얼마나 낯선 얼굴로 대하실 것인가?

2008년 가을, 망미동

기억의 단층

손을 뻗어 신경숙의 『외딴방』을 서가에서 뽑아낸다. 너무 높이 꽂혀있는 탓에 깨금발을 하고 허리를 한껏 뻗고, 그것도 모자라 높이뛰기라도 하듯, 가까스로 책을 손에 쥔다. 책을 펼치니, "순간, 내게 혼란이 왔다. 외딴 방은 이제 내가 다가갈 수 없는 먼 섬이 돼버린 건 아닐런지"라는 문구가 먼저 눈에 들어온다. 그럴지도 모른다. 어떤 기억이 고립되어 섬이 되는 건 순식간의 일이다. 아무도 열어주지 않는, 아니, 스스로 꼭꼭 숨겨 놓은, 마치 어린 시절 부끄러운 수음 같은.

사람들은 시간을, 차곡차곡 쌓아올릴 수 있는 장작더미 같은 것으로 생각한다. 터무니없는 오해다. 그렇게 질서정연하게 쌓여가다가 천천히, 아래층의 낡은 기억들부터 하나씩 먼지가 되어 희미해져 사라져가는, 점층법 효과(gradation) 같은 것이 시간이라고? 그럴 리가 없다. 시간은 차라리 단층 같은 것이다. 산을 쪼개면 그 절단면에서 보이는 적층된 띠 같은. 그것은 각 층마다 뚜렷이 단절된 모양새를 가지고 있다. 차곡차곡 기억들을 쌓아 놓고 있기는 하지만, 각 층들은 서로 굳게 닫혀 있다. 서로에 대해 침묵하면서, 등을 돌리고는 자신의 시간들 속에서만 오로지 반응할 뿐이다. 우리의 삶도 그렇게 절개할 수 있다면, 화석처럼 굳게 입을 다문 시간의 결을 한 번쯤 만져볼 수 있을까?

『외딴방』은 그렇게 꽁꽁 봉합된 지층을 열고 싶어 하고 있다. 따스한 숨결을 불어넣어 화석들이 마법에서 풀려나 자신의 현재로 성큼성큼 다가와 주길 간절히 열망한다. 그러나 그 일은 그렇게 쉽지 않다. 주인공 '나'가 열아홉의 나이에 훔쳐본 외딴방에서의 죽음은 손바닥으로 가린다고 가려질 가벼운 것이지 않다. 그건 죽음이 아니라 바로, 죽음의 사신이다. 지워버리지 않으면, 묻어버리지 않으면, 화석화하지 않으면, 자신조차 죽음에 이르게 만들 그 어떤 것. 그 순간 시간은 단층이 되고 고립된다. 아무도 찾아주지 않는 곳에 그것을 유폐시킴으로써만 자신의 생명이 허용되는, 그런 숨바꼭질이 곧 시간의 단층화 작업이 아닌가. 마치 죽음의 부재증명, 혹은 죽음과 삶이 벌이는 '제로섬 게임' 같은 것 말이다.

열아홉살의 주인공 '나'는 이제, 15년이 지나 서른넷이 되었다. 그리고 영등포여고 산업체특별반에서 낮의 노동의 고단함을 물리치지 못해 했던 그녀는, 문득, 세상사람이 다 알만한 소설가가 되어 있다. 이 두 현실 사이에서 어떤 일이 있었던 걸까? 작품 속에서는 짐짓, '희재 언니', 혹은 '희재 언니의 죽음이 있었다'고 말하고 있다. 그것뿐이다. 희재 언니를 주어로 해서는 어떠한 문장도 풀려나오지 않는다. 심한 말더듬이처럼 똑, 똑, 끊긴다. 이 작품은 우연히 밀어닥친 희재 언니에 대한 단발성의 기억으로부터 시작해, 돌고 돌아 다음과 같은 문장으로 끝을 맺고 있다. "오랫동안 나에게 중요한 모든 운명의 모습은 희재 언니의 모습을 띠고 있었다. 그녀는 내게 밀물이었고 썰물이었다. 그녀는 내게 희망이었고 절망이었다. 그녀는 내게 삶이었고 죽음이었다······이 모든 것이 사랑이었다······." 희재 언니가 비로소 말이 되어 나올 때, 이 작품은 끝이 난다. 무슨 일이 있었느냐고?

뭐, 그다지 특별한 일이라곤 없었다. 그저 제 나이 또래의 남자를 사랑했던, 주인공으로부터 '언니'라고 불렸던 한 여자아이의 죽음이 있었고, 오랫동안 꼭꼭 닫혀 있던 부패한 삶이 방치되어 있던 그 방문을 주인공이 무심결에 열었을 따름이다. 혹시 그것 말고도 특별하다고 할 만한 것이 더 있다면, 그 일이 1980년대에 일어났다는 정도일까? 이젠 아무도 기억해내지 않는 그 시절 말이다. 구로공단에서 하루에 14시간씩 컨베이어 벨트를 타고 온 TV 회로판에 납땜을 하는 어린 여성노동자들이 있었고, 대여섯씩의 자식을 낳고도 공부시킬 여력이 없어 서울 간 큰아들의 어깨 위에 동생들의 뒷바라지를 부탁해야 했던 무능한 부모들이 있었고, 그리고 야간대학을 다니며 번 돈으로 단칸 사글세방에서 동생들과 사촌까지 부양해야 하는 큰오빠가 있고, 그리고 무엇보다 그런 참담함을 견뎌내기 위해 거리에서 전경들과 최루탄 속에서 돌팔매질을 해야 했던 둘째 오빠가 있었던, 그저 그런, 그 시절을 거쳐 온 사람이라면 누구나 알고 있는 밍밍한 이야기들. 그리곤 아무도 기억해 내지 않는, 초라하고 보잘것 없는, 마루 밑에서 찾아낸 낡아빠진 엄마의 코고무신 같은. 부정됨으로써만 오늘의 내가 긍정될 수 있는 그것들. 혹은 부정은 아니라 하더라도 당당하게 극복했다고 말해지는, 극복하고 넘어서야 할 대상으로 주어진 고통이나 난간 같은 것들.

그러나 누가 알겠는가? 그것들이 우리들에게 중요한 모든 운명의 모습이었다는 사실을. 부끄러움과 고통은 변화를 획책하지만, 그 변화는 부끄러움과 고통 '으로부터' 오는 것이 아니라 부끄러움과 고통 '때문에' 오는 것이다. 이걸 일러 운명이라고 표현할 수 있다면, 그것은 참으로 얄궂은 모습이 아닌가. 말하자면 사랑하기 때문에 숨겨야 하는, 혹은 시쳇말로 사랑하기 때문에 헤어져야 하는, 그런 모순되고 야누스 같은 속성.

『외딴방』이 소중한 건, 그런 변변찮은 자기애를 더 이상 운명으로 승인하지 않는다는 데 있다. 오늘의 '나'를 지키기 위해 변화 이전의 '나'를 부인하는 것이 아니라 그 두 '나'를 동시에 안아 들일 더 큰 인식의 그릇을 예비하고자 하는 주인공의 태도로 말미암아 이 작품은 사사로운 개인의 삶을 뛰어넘어 우리 시대의 기억을 복구하는 데 이른다. 부끄러움과 고통이라는 심리가 '나'만으로는 구성될 수 없다면, 우리들의 부끄러움과 고통을 생산하는 동력은 '너'라는 존재 때문이다. 이는 달리 표현해 '나'의 부끄러움과 고통은 나 혼자만을 문제삼는 것으로는 극복 가능하지 않다는 뜻이기도 하다. 희재 언니의 그 끔찍한 죽음은 열아홉 시절, 혹은 구로공단 시절을 순식간에 얼어붙게 했지만, 이 개인적인 고통을 현재로 불러들이기 위해서는 그 기억들이 보다 근본적인 질문 앞에 가로막혀 있다는 사실을 깨닫지 않으면 안 되는 것이다. 그것은, "희재 언니가 왜 죽었는가"하는 질문이다. 이 질문은 희재 언니의 개인사에서부터 80년대가 구조화시킨 모순의 사회사에까지 그 맥락이 닿아있다. 그러나 '나'가 희재 언니의 개인적 죽음에만 눈멀어 있었을 때, 사랑하는 이의 죽음은 제 살을 파먹는다. 고통은 침묵을 강요하고, 시간은 망실된다. 희재 언니는 왜, 죽은 것일까?

— 이 시대를 살아가고 있는 그 어느 누구도 이 질문으로부터 자유로울 수는 없다. 그럼에도 불구하고 대부분의 사람들은 부끄러움과 고통을 두려워할 뿐 '왜?' 라고 묻지 않는다. 하지만 이 침묵의 대가는 결코 적지 않다. 한번 생각해 보라. 우리 사회의 각각의 세대들은 소통할 수 있는가? 그것이 사제관계이든 부모 자식 관계이든 그들은 서로 독백만 하고 있지는 않은가?

— 이제 우리 사회에서 세대 간의 경험은 철저히 단절되어 있다. 소통한답시고 할 수 있는 일이라고는 겨우 〈엄마아빠 어렸을 적에 展〉 따위가 고작이다. 이런 부류의 전시는 경험을 공유하는 것이 아니라 오히려 더 심하게 경험을 고립시킬 뿐이다. 경험은 '연탄집게'나 '곤로'를 전시하는 것으론 공유되지 않는다. 그것은 이미 낡고 지나간 것에 불과하지만, 경험은 결코 낡거나 지나가 버릴 수 없으며, 현재 속에 영원히 살아 있는 것이기 때문이다. 세상을 이야기하지 않고 얻고자 하는 애정은, 그러한 대화는 정신분열, 혹은 편집증의 한 편린에 불과할 뿐이다. 언제까지 우리는 작은 것을 얻기 위해 계속 큰 것을 버리며 살아야 하는 것일까? 도대체 언제까지.

2006년 겨울, 엄궁에서 보이는 낙동강

이종격투기, 혹은 공룡시대

2005년 11월 셋째 주, 부산에서는 〈아시아태평양 경제협력체〉의 각종 행사로, 그리고 〈반 APEC〉 시위로 연일 뜨거웠다. 사상 최대의 불꽃놀이가 밤하늘을 수놓았고, 그 열기를 식히기 위해 천여 명의 경찰들이 시위 인파를 향해 물대포를 쏘아댔다. 그리고 모든 행사의 마지막 날, 마치 피날레를 장식하듯 도쿄에서는 최홍만이 출전한 〈K-1 월드그랑프리 이종격투기 대회〉 결승 토너먼트가 열렸다. 최홍만과 레미 본야스키의 경기는 19일 확정된 〈WTO DDA 특별선언〉이나 〈부산로드맵〉과 전혀 다르지 않았다. 내용적으로 '싹쓸이' 격투기라는 점, 그리고 방법적으로 'All Or Nothing'이라는 점에서 그러하다.

언제부터인가 대중들은 권투와 레슬링을 즐기는 대신 이종격투기에 매료되기 시작했다. 적어도 권투와 레슬링 등은 체급과 타격기술에 제한을 둔다는 점에서 이종격투기와는 근본적으로 다른 것이다. 비슷한 체구의 사람들끼리만 싸울 수 있고, 그 또한 주어진 타격의 규칙 내에서만 승부가 결정되는, 적어도 '만인에 의한 만인의 투쟁'을 궁극적으로 지양한다는 점에서 이종격투기의 야만적 승부와는 분명한 차이를 갖고 있는 것이다. 비록 이 날 최홍만은 그 거대한 체구에도 불구하고 본야스키의 날

렵한 기술에 허망하게 무너지기는 했지만, 최홍만이 아닌 또 한 명의 거구, 세미 쉴트가 지난해까지의 기술 우위의 〈K-1〉을 평정함으로써 싹쓸이 격투기의 진면모를 아주 명시적으로 보여주었다. 바야흐로 크면 클수록 좋은 것이다.

  대중들을 열광시키는 이러한 파시즘적 재현양식은 세계의 제국화를 웅변으로 증명한다. 제국주의의 외부가 더 이상 존재하지 않는다는 필연적 사실과 그에 따른 절망이야말로 파시즘을 강화시키고 제국을 촉진시키는 역사적 계기가 아닌가. 그러므로 대중들의 이러한 기호는 이미 진보에 대한 일상영역에서의 패배를 그대로 반영하고 있음을 의미한다. 게임의 규칙은 보다 덜 민주적인 방식으로 나아가고 있고, 권력에 대한 욕망은 그에 비례해 증대됨으로써 대중들은 제 내부의 타자성을 바라보는 데 더 많은 어려움을 겪을 수밖에 없게 된다.

  '크다'는 이 허구적인 스펙터클의 미감은, 그러므로 필연적으로 대중들의 자율적인 주체를 지우고 세계 내적 존재로 대중들을 감금한다. 〈부산 로드맵〉이 '도하 개발 아젠다'를 재확인하고 세균과 테러(이 둘은 발생론적으로 완벽한 쌍둥이다)에 대한 세계적 대응을 소리 높여 외칠 때, 세계는 이미 외부가 없는 거대한 하나이고, 이 완벽한 봉합술로 인해 대중주체는 자신의 물질적 조건을 매개로 세계를 사유하는 것이 불가능하게 되어 버리는 것이다. 세균과 테러는 WTO로 대변되는 세계화의 효과이지 세계화를 강화함으로써 응징되거나 말소될 성질의 것이 아니다.

  이 상태대로 급속히 세계화가 진행된다면 불과 몇 년 후 우리는 힘겹게 농사를 짓지 않아도 좋을 것이다. IT강국 대한민국은 반도체나 가전제품만을 만들고도 값싸고 영양가 만점의 수입밀과 미국산 쇠고기로 만든 맛있는 햄버거 만찬을 일상적으로 제공받게 될 것이다. 이 고마운 세계분업의 디스토피아는 이미 부산 APEC을 통해 그 실현가능성을 한층 더 구체회시켜 주었다. 그리고 세국의 주민늘은 매우 질서정연하게 도로통제, 입산금지, 검문검색에 순응하는 것으로 이를 기꺼이 수락했다. 이제 남은 것은 자신이 자율적인 주체일 수 있는 가능성과 세계에 대해 입법자일 가능성을 스스로 망각하는 일뿐이다.

2008년 가을, 망이동에서 보이는 광안리

세상살이의 그 천박함에 대한 변명

건물을 세우려고 산을 밀었다. 일 년 내내 암석을 깨부수는 굴착기 소리와 흙을 퍼 나르는 트럭 소리로 세상을 뒤흔들더니, 마침내 토막 난 생선처럼 벌겋게 맨살을 드러낸 절벽 하나와 무엇 하나 자랄 것 같지 않은 돌밭 나대지 하나가 생겨났다. 그리고는 그뿐, 한해가 또 지나도록 건물이 올라갈 낌새도 내비치지 않는다. 그러는 사이에 그곳엔 석간수가 솟아오르는 옹달샘이 하나 생겼고, 허드레 풀들이 엉성하게 자리를 잡았다. 옹달샘엔 곤줄박이와 오목눈이 등이 화들짝 목욕을 하다 가고, 더러는 동네 개들이 목을 축이다 가곤 했다. 하지만 그 진기한 풍경들 너머에서도, 이른 여름부터 초가을까지 하루도 쉬지 않고 꽃을 피운 나팔꽃은 단연 빼어났다. 그놈을 보러 아침 출근길에 풀풀 먼지가 날리는 그곳까지 가서 한참을 들여다보고 돌아오곤 했다. 많은 나팔꽃을 보아왔지만 꽃잎의 질감이 그토록 웅숭깊고 장대한 놈을 본 적이 없었던 까닭이다.

　잠자리가 제 날개조차 무거워 자꾸 땅바닥에 내려앉을 때 쯤, 씨를 받아 두어야겠다고 생각했다. 그런데 어느 날 출근길에 들러보니 그 놈들은 뿌리가 뽑혀 이미 마른 시레기가 되어 있었다. 비가 잦으니 방재라도 할 양으로 흙을 돋우던 포크레인에게 당한 듯했다. 울화가 치밀고 답답한 노릇이긴 했지만, 이런 일을 한두 번 겪는 것도 아닌 터, 기억 속에 잘 갈무리나 해 두자, 했다. 벌써 달포나 전의 일이다.

― 이쁜 자식 단명한다더니, 하고 잊으려 했는데, 엉뚱한 일로 하여 다시금 그 나팔꽃을 떠올리게 되었다. 졸업하고 취직이 안 되어 걱정스러운 제자가 하나 있어, 몇 달 전, 출판사를 운영하는 친구에게 구직을 부탁한 적이 있었다. 소식이 없어 잘 다니고 있는 줄 알았는데, 얼마 전 그 제자에게서는 연락이 없고 외려 사장이라는 친구가 전화를 걸어 와 냅다 화를 내는 거였다. 이야기인즉슨 일을 가르쳐 쓸 만하다 했더니 월급 몇 푼 더 준다고 이웃 사무실로 옮겨 가버렸다는 것이었다. 얼마나 화가 났던지, 그 친구는 요즘 젊은 아이들의 도덕성에 대해 한동안 강변을 해대더니, 종국에는 자기 대신 그 친구를 불러 야단을 좀 쳐 달라 하고는, 내가 미처 사과의 말을 꺼내기도 전에 전화를 끊어버렸다.

― 얼결에 받은 전화였던지라 수화기를 채 놓지도 못하고 한 동안 잊고 있었던 제자의 그 순한 얼굴을 떠올렸다. 전화를 걸어 자초지종을 물어야 하는지, 아니면 의리없는 그 가벼운 처사에 대해 꾸중이라도 해야 옳은지 판단이 잘 서지 않았다. 그러다가 문득 나대지의 그 나팔꽃이 떠올랐다. 살다가 스러지기를 반복하는 것들, 삶의 그 가벼운 양식과 경박한 이 시대의 도덕성과 함께.

― 어쩌다가 그 나팔꽃은 그다지 우아한 자태로 꽃을 피웠던 것일까. 벌과 나비를 불러 모으기 위해 더 크고 더 짙은 빛으로 거듭나야 했던 그 삶의 방식이나, 그 나팔꽃 옆에서 고개를 숙인 채 잠깐 동안의 개화에 엄청난 양의 씨앗을 흩뿌리고 있는 미국서나물의 방식이나, 혹은 월급 몇 푼 더 얹어 받는 것으로 사무실을 옮겨 가야 했던 그 친구나 생존방식은 크게 달라 보이지 않는다.

― 명색이 자연 위에 군림해 온 인격체로서의 인간과 그저 허드레에 불과한 풀 따위를 비교하는 것으로 인간 삶의 이 경박한 양식을 스스로 무마하려 하고 있는 내가 한심스럽기도 하지만, 졸업을 앞둔 학생들과 한번이라도 마주 앉아 있어보면 금방 알게 된다. 인문학 전공자의 거의 7할 이상이 졸업과 함께 잠재적 실업 상태에 빠지는

이 현실이 얼마나 공포스러운지를. 돌아올 답이 두려워, 아이들의 얼굴을 마주 대하고는 졸업후의 계획을 묻는 것조차 어렵다. 그러므로 도덕은 배를 채우는 일보다 앞서지도 않고, 또 앞세워서도 안되는 법이다.

언제 뿌리 뽑혀 생명이 다해버릴지도 모르는 것들의 삶의 방식이란 얼마나 하찮은 것인가. 이웃도 모르고 제 배만 생각하는 아귀 같은 놈들과, 내일 같은 것은 제 인생에서 다시는 오지 않을 듯이 오늘을 탕진하는 대책없는 놈들과, 공부는 뒷전이고

2008년 봄, 연지동 재개발 지역

얼굴과 몸매, 치마길이에만 집착하는 한심한 족속들과, 그리고 이 빈충맞은 놈들의 액운이 제게 전염될까 한사코 벽을 쌓고만 있는 우리들…….

― 그러니 잠자리의 날개 위에 기우는 햇살이 점점 무거워지는 이 저녁, 세상의 모든 천박한 것들과, 하찮은 것들과, 무례한 것들에게 축복 있을진저.

시간의 옹이, 그 견고한 장소

내 친구의 집은 어디인가

어느 하루 빛나던 날, 비좁게 꽂힌 앨범의 옆구리를 비집고 나온 흑백사진 한 장을 주어들다. 뒷면엔 〈1968년 5월, 뒷동산에서〉라고 적혀 있었다. 부드럽고 연한 2B를 침이라도 묻혀가며 썼는지 야물고 짙은 획들이 40년 전의 진정성을 불러내다. 국민학교 1학년 봄소풍 단체 사진. 100명이 넘는 학생들. 그 아이들 주위로 그보다 더 작은 아이들, 코흘리개 손을 꼭 쥔 옥양목의 엄마들. 그리고 나보다 다섯 살 많은 애보기 송자 누나와, 조무래기들에게 장난감 풀무 말을 팔러 온 아저씨들까지. 모두 합쳐 백 40여 명. '똥산'에서 사진을 찍다.

거기 똥산에서, 아이들은 이듬해 호박 등속을 심으려고 파놓은 똥구덩이에 사시사철 빠져가며 놀았다. 똥산이라 하지 않고 〈뒷동산〉이라고 표기한 건, 어린 마음에 소풍이라는 그 엄숙한 의례의 무게를 쉬이 물리치지 못한 소치가 분명할 터. 그리고 그해 여름부터 철거가 시작되었다. 산의 허리께에 있던 공동물탱크를 기준으로 왼쪽, 그러니까 신암 쪽이 아니라 안창마을로 돌아서는 똥산의 왼쪽 옆구리에서부터 삶은 허물어져 내렸다. 아니, 이건 거짓말이다. 마치 목격이라도 한 듯 쓰다니…. 철거반의 해머 소리는 산 아랫도리에 살던 어린 내 지각에 와 닿지 못했다. 철거가 자각되었던 건, 내 단짝 태문호의 돌연한 증발로부터였다. 그리고 학교를 빼먹은 문호를 만나러 갔던 그곳에서 내가 본 것은 무엇이었나.

아버지 등판보다 실팍했던 바람벽이 한갓 평면의 선으로만 남은, 생의 얇디얇은 존재감. 그 섬세한 날개를 딱 한번, 만졌을 뿐인데 그만 날개가 부러져 마침내 기우뚱, 개미의 먹이가 되어버린 18점 무당벌레처럼 막막한 삶의 지평 위에서 내가 본 것은, 아주 단순한 사실 하나, 길이 사라졌다는 것이었다. 무릇 길이란 생명들의 자기배려가 땅의 정령을 불러내 그들에 이끌리면서 타인과의 교통이 허락되는 곳. 마치 조심스러운 고라니가 먹이를 찾아 나설 때 아무 곳이나 다 길이 되는 게 아니라 몸뚱이 숨길 곳을 좌표화하고 이 좌표의 흐름을 길로 삼듯, 길은 열림과 닫힘, 은닉과 전망이 상호보장을 약속함으로써 생명 속에 깃드는 것이다. 그러니 이미 삶이 꺼져버려 이웃을 잃은 그곳에서 감쪽같이 사라진 것은, 집들이 아니라 분명, 길이었다. 삶들의 '사이'였고, 생명의 '선'이었던 그곳, 그러나 이제 더 이상 술래의 눈으로부터 몸조차 숨길 수 없게 된 평면 위의 모든 여백은 도리어 삶의 허방이 될 뿐이다. 빠지지 않기 위해 더 멀리, 더 빨리 질주해야만 사는 곳, 그렇게 길은 도로가 된다.

그리하여 불행히도 나는 그 후 더 이상 길 위에 서 보지 못했다. 바람처럼 긴 여행을 떠나야 했던 것이다. 학교를 파하면 가방을 둘러메고 어디론가 늘 떠나지 않을 수 없었다. 때로는 서면과 천일극장을 거쳐 낙동강 지천에 닿기도 하고, 또 때로는 공작창과 삼화고무공장, 보림극장과 삼성, 삼일극장을 거쳐 영도다리에 가 닿기도 했다. 왜 갔냐고 묻는 건 썩 지혜로운 질문은 아닌 듯싶지만, 그 기나긴 여행이 그때까지의 내 삶의 공간을 무진장 확대시키고 재편하는 계기가 되었던 건 분명한 것 같다. 많은 시간이 흐른 뒤에야, 그렇겠거니, 했던 생각이지만, 내 유년을 키웠던 똥산의 벌거벗김이 나에게서 모성 혹은 집이라는 실존적 처소를 완전히 앗아갔던 것이고, 그 사실을 자각하자마자 그리워지기 시작한 실존적 고향상실증을 발품을 파는 것으로 저항하고 해소하려 했던 듯싶다.

표현하고 보니 대상조차 모호한 '저항'이라는 이 단어가 불현듯 가슴에 와 닿는다. 근대화가 이제 막 정책적으로 가시화되기 시작하던 부산의 더 넓어지는 도로 위에서 흠모와 증오라는 양가적 감정에 휩싸이곤 했던 것도 그 때였으니까. 내 것과 네 것의 분별, 장소와 공간의 분리 사이에서 삶의 곡진함을 내 몸 안으로 불러들여야만 삶이 허락되는 근대인의 이 존재론적 모순율과 그 절망적 깨달음이라니!

근 40년이 지난 지금, 똥산을 보기 위해, 턱없이 키만 큰 '범천시장' 앞에 선다. 도심 미화를 위해 주민들을 강제 이주시키고 시장판을 현대식으로 개조해 본들 초라하기는 여전한 그곳에서 나는 힘들여 내 어린 시절을 반추하기보다는 곽경택 감독이 만든 〈친구〉를 손쉽게 떠올린다. 지긋지긋한 일상의 억압으로부터 벗어나기 위해 스스로 억압의 사슬이 되어버린 준석이, 동수, 그리고 중호들. 이 변변찮은 삶들은 영화 내내 멀리 아물거리는 도심의 불빛에서 눈을 떼지 못해 했다. 지금 내가 서 있는 이 철교 위에서 고개를 조금만 돌렸더래도 그들은 자신의 일상이 생성되는 똥산을 보았을 법하지만, 그리하여 똥산을 통해 자신들의 삶을 휘두르는 근대적 일상의 허망함을 보았을 법도 하건만, 그들은 단연코 똥산을 뒤로 한 채 손에 쥐지도 못할 도심의 불빛들만을 응시하고 있었다. 이는 〈비열한 거리〉와 〈갱스 오브 뉴욕〉의 마틴 스콜세지와 얼마나 다른 것인가. 그는 뉴욕이, 자신들의 뒷골목을 버리고 지움으로써 빛나는 것이 아니라 뒷골목의 비루한 삶을 뉴욕의 역사 속에 새겨 넣음으로써만 내일을 보장받을 수 있음을 끊임없이 이야기하고 있다.

― 다시 사진의 뒷면, 〈1968년 5월, 뒷동산에서〉를 본다.

― 4B연필을 들고, '뒷동산'에 두 줄을 긋고 '똥산'이라 꾹꾹 눌러 고쳐 쓴다.

『갯마을』로 가는 길

부산광역시 기장군 일광면. 이 행정구역 명칭은 아무래도 낯설다. 기장군이 부산이라니. 늘 그랬다. 이웃해 살면서도 나의 인식지도는 기장을 부산으로 받아들이는 데늘 머뭇거린다. 근래 몇 년 사이, 부산에서 울산으로 이어지는 14번 국도변의 풍경은 하루가 다르게 달라져 갔다. 일요일 아침이면 아무런 준비 없이도 '떠남'을 허용했던 그 길 위에서, 나는 이제 끈끈이에 붙은 파리처럼 발악하듯 가속페달을 밟는다.

편도 3차선의 휑하니 뚫린 아스팔트에서, 언뜻, 망령처럼 어른거리는 4월의 탱자나무를 환각한다. 겨울을 힘겹게 버텨낸 그 끝자락에서 가시들은 꽃이 된다. 수수하지만 환한 꽃들은 연녹색의 잎들보다 더 수줍다. 그런 풍경들이 이 가로엔 울타리처럼 둘러쳐져 있었다. 다양한 표정의 송정 바다로부터 시작해 송정 탄약창 앞의 신비한 늪가의 백로들과 부들, 삼양사 앞의 더디 피는 겹벚꽃, 삼양사 건너편 구멍가게 언덕을 제멋에 겨워 흐드러진 등꽃 송이들, 그리고 한밤 내 수런거리는 오종종한 배꽃 언덕. 게다가 구불거리는 길이어서 더 가까운 여느 모롱이에는 아마도 오랑캐꽃이 지천으로 피어있지 않았을까.

그런 울타리는, 이제, 없다. 그러므로 그것들을 죄다 깔아뭉갠 길 위로 나는 질주

한다. 가속페달 위에서 나는 내가 가야할 한 점만을 다만 응시할 수 있을 뿐이다. 그 무엇도 만나지 않고, 그 누구와도 이야기하지 않고, 오로지 황색 분리선을 넘지 않으려 애쓰며, 나보다 더 빨리 달리는 놈들에게 욕을 해대고, 나보다 값비싼 차를 타고 다니는 놈들을 증오하며, 달린다. 그곳을 향해.

─ 문득, 내 앞을 가로막는 탱자나무 울타리를 보았다고 생각하는 순간, 번쩍, 감시 카메라의 광선총이 내 가슴에 작렬하고, 나는 범법자가 된다.

─ 그곳엔 아무 것도 없다. 무찌르듯 달려왔지만, 그곳은 〈갯마을〉이 아니라 〈부산광역시 기장군 일광면 학리〉일 뿐이다. 스무 여 초가가 있어야 할 동네에는 번다한 횟집들이 즐비하고, 어리숙한 내 걸음걸이에 대고 울려대는 경적소리조차 대기 중에 그리 오래 머물지 못할, 도시의 일부가 되었다.

─ 그러기까지 50년이 흘렀다. 『갯마을』을 하나의 축으로 삼았을 때, 현재 내가 서 있는 이 시간과 작품의 시간 사이에는 도저히 건널 수 없는 깊은 간극이 가로놓인 것이다. 50년 전 해순이와 상수가 만났을 방바위는 시멘트에 덮여 방파제의 일부가 되었음직하고, 먼바다를 보며 성구를 기다렸을 마을 뒤 언덕배기에는 이동통신 송수신 안테나가 하늘 높은 줄 모르고 찌를 듯 서 있다. 이런 변화들은 우리들 삶 속에서 그저 그런, 지나쳐갈 비바람 정도가 아니다. 그 정도라면 우리는 오히려 시간을, 연륜을 경배해야 마땅하겠지만, 이 변화로 말미암아 우리는 경험을 축적할 수 있기는커녕 새로운 시간 앞에서 차라리 그 경험들을 삶의 훼방꾼으로 만난다. 그래서 우리는 과거의 경험들을, 각개격파 식으로 무찌르고 황급히 삭제함으로써만 살아남을 수 있게 되었다. 그러니 이 학리마을에서 마주친 50년이란 시간의 간극을 무엇으로 설명할 수 있을까. 전혀 계기적이지도 연속적이지도 않은 저편의 단절된 시간들을 우리는 또 어떻게 만날 것인가.

─ 공간이 사회구성원들에게 부여하는 가치 중에서 가장 소중한 것은 시간의 결을 열어 보여줄 수 있다는 점이다. 단일한 것이 아니라 다원적이며, 동질적인 것이 아니라 이질적인 것들이 위계적이지 않고 횡단적으로 섞여 삶의 꼴을 만들 때, 그 공간에서는 사람사는 냄새가 난다. 그러나 오영수를 만나기 위해, 혹은 그의 문학적 체취를

맡기 위해 찾아온 이곳에는 썩어가는 갯비린내 말고는 어떤 향취도 없다. 모든 것이 지워지고 새로운 것이 그 위를 말끔하게 도포하고 있다. 한 귀퉁이에 당산나무와 당집이 없는 바 아니지만, 도리어 그것들은 이 공간의 구성원들이 과거의 경험들을 삭제하기 위해 얼마나 몸달아했는지를 역으로 증명하고 있을 뿐이다. 예전 같으면 마을의 수호신으로 서 있어야 할 당산나무는 신묘한 아우라는커녕 제 몸 하나 지켜내기조차 힘겨워 보일 정도로 방치되어 있다. 무겁게 확성기를 짊어지고 있는 당산나무뿐만이 아니다. 도로에 자신의 앞마당을 다 내어주고 발걸음이 끊겨 허물어져 가는 돌담에 몸을 의지한 채 고식하고 있는 신당 역시 보는 이를 참담하게 만들기는 마찬가지다.

우리 시대에 와서 비로소 인문학의 위기를 탄식하고는 있지만 이 또한 얼마나 즉흥적이며 단편적인 발상인지 이런 차원에서 한번쯤 반성해 볼 일이다. 인문학의 고사는 이미 오래 전부터 차곡차곡 진행되어 왔던 것이다. 근대화가 합리성과 동의어가 되고 전통적인 삶의 양식들이 일상으로부터 축출될 때, 인문학은 제자리를 찾지 못한다. 어차피 인문학이란 타자들과의 공존을 고민하는 다양성의 담론이 아닌가. 그러므로 이 시대는 인문학의 낮아진 지위만을 안타까워 할 것이 아니라 인문학 자체가 우리의 방치된 삶 속에 깃들 수 있도록 현재에 대해 겸손하고 낮아지는 훈련부터 다시 시작해야 한다. 그렇다고 이 작업을 전통제일주의로 몰아가는 것 또한 마땅히 피해야 할 일이다. 시쳇말로 '우리 것이 좋은 것이여!', '신토불이' 따위의 유행어가 그러하듯 이러한 논법은 오히려 한술 더 떠 전통의 물신화를 부추기기만 할 뿐이다.

『갯마을』의 학리마을 앞에 서는 일은 매번 이렇듯 곤혹스러움을 동반한다. 〈여기에서 『갯마을』이 쓰여졌다〉는 단순과거 서술이 아닌, 그리고 〈이미 사라져버린 것이긴 하지만 꼭 기억해야 한다〉는 식의 전통제일주의, 혹은 계몽적 서술도 아닌 제3의 방식. 50년의 경험적 간극을 뛰어넘어, 저 당산나무처럼 이승과 저승, 사람의 세계와 귀신의 세계, 일상과 초월을 넘나들 수 있는 그 어떤 방법. 그러나 문제는, 무엇 하나 똑같지 않으면 용서가 되지 않는 동일성의 광기에 들린 이 시대의 삶의 방식이 이질적인 것들과의 소통을 철저히 억압하고, 이들 상호간의 만남을 방해하고 있다는 사실이다. 이 말은 지금 우리들의 현실 속에 그런 이질적인 것들이 이젠 더 이상 존재하지 않게 되었다는 뜻이 아니다. 마치 저 당산나무처럼 현재로선 이물스럽게 방치되어 있지만 그것의 존재 자체를 부인하기는 어렵듯, 있고 없음의 문제가 아니라 있음에도 불구하고 아무런 의미도 생산하지 못하게 만드는 사물들의 배치가 문제인 것이다.

  불과 얼마 전까지도 출어한 배의 만선을 기원하고 자식과 남편의 무사귀환을 빌기 위해 드나들던 마을 집과 당산나무 사이의 단단하던 길은 이제 흔적도 없이 사라지고, 그 대신 〈88 슈퍼마켓〉과 횟집과 낚시점과 방파제를 잇는 도로가 주인행세를 하고 있다. 돈벌기가 곧 삶이고, 먹어야 사는 게 우리의 인생살이니 하루가 멀다 하고 달라져 가는 마을의 이 배치 변화에 무조건 딴죽을 걸 수만은 없겠지만, 구경꾼과 낚시꾼에게 내어준 마을길이 마을 사람들 살림살이를 상호 부조하도록 작용하는 것이 아니라 이웃집에 손님을 빼앗기지 않기 위해 아옹다옹해야 하는 경쟁 메커니즘을 부추길 뿐이라면 문제는 심각한 것이다. 이웃간의 잦은 다툼은 예전과 같은 살가운 정이 없어서가 아니라 달라진 마을의 배치로부터 오는 것이다. 길은 오로지 외부를 향해 뻗어 가고 있으니, 우리들 살림살이는 외양은 번듯해졌을지 몰라도 속내는 자꾸 텅텅 비어간다.

  그러니 〈갯마을〉을 구경갈 요량이면 넓어진 한길을 버리고 〈88 슈퍼마켓〉을 끼고 돌아 언덕진 좁은 골목길로 접어드는 게 백번 옳다. 거기엔 터진 시멘트 균열 사이에 서양민들레가 자라고, 양팔을 다 벌리기 힘든 좁은 골목길엔 삶의 악머구리가 터져 나온다. 좁지만, 그러나, 여긴 광장이다. 일상의 옆구리를 비집고 나온 온갖 불순한 욕망들이 부딪히고 사라지는 곳. 생성과 소멸이 함께하는 곳. 항상 술렁거리고, 머무름 없이 운동을 허락하는 곳. 50년이 지난 지금, 오영수를 만난다는 건, 아마도, 이렇듯, 오늘날 우리들 욕망의 맹목으로부터 벗어날 새로운 좌표를 얻기 위한 것인지도 모른다. 이 좌표가 우리들 삶의 지향점이 되어줄 것이라는 기대에서가 아니라 그 좌표로 인해 우리의 삶이 그것과의 교통을 통해 운동을 시작함으로써 일상의 지배적인 코드로부터 다소 자율성을 보장받을 수도 있을지도 모를 어떤 기대에서이다. 저다지 흔들리는 마스트 위에서도 큰꽹이갈매기가 균형을 잃지 않듯, 動中靜, 기관 없는 신체가 되는 것.

그러나 〈88 슈퍼〉 아줌마는 늘 흔들린다. 1ℓ 짜리 소주와 라면 몇 개의 가격을 놓고, 내 차림새를 훔쳐보고, 뜨내기 가격과 토박이 가격 사이에서 그녀는 약간 더듬 는다. 나는 그녀가 뜨내기 가격을 부를 것으로 짐작하지만, 그렇다고 호락호락 물러 서지는 않는다. 꽤 긴 실랑이 끝에 150원을 깎는다. 내가 번 150원은 아줌마의 일상 의 더께를 털어 낸 품이고, 아줌마의 150원은 삶의 머뭇거림과 흔들림이 앞으로도 계 속 유보되기 위해 지불한 대가이다. 이 흔들림이 아줌마의 삶 속에서 유효한 한, 그 녀는 자신의 삶 속에서 사람들을 만날 것이다. 마치 이 동네에서 토박이처럼 붙박여 작업하는 오우암 선생의 작품처럼.

나는 오우암 선생의 작품에서 오영수 선생을 본다. 두 사람은 너무나 다른 삶을 살아왔지만, 50년대를 기록하는 방식은 거의 다르지 않다. 서정성을 주된 정조로 삼 되 그렇다고 자신의 시선을 타인에게 강요하지 않는다는 것. 그 때문에 작품 속에서 소재를 장악하는 힘은 미약하며, 역사보다는 개인적 체험이 우선하므로 높고 강직한 목소리로 우리를 설득하는 힘은 다소 떨어지지만, 항상 많은 시간이 흐른 뒤에야 알 게 되는 바이지만, 우리를 감동시키는 건 그런 것들이 아니다. 오히려 그렇지 못하기 때문에 얻게 되는, 알아듣기 힘든 어떤 수군거림이 이 두 사람에게는 진정한 힘으로 다가온다. 하나의 이야기가 전경화되는 것이 아니라 다양한 이야기가 요소요소에 배 치되는 그 어눌한 눌언의 아름다움. 그것이 바로 그들의 미적 요체이다. 그렇다고 해 서 그들의 작품 속에서 인간이 역사와 자연의 위용 앞에 무한정 휘둘리는 유약한 존 재로 형상화되는 것은 아니다. 오우암 선생의 황토빛 바탕색이 그렇듯이 오랫동안 물감을 켜켜이 올려 얻은 투박한 질감 위에서 인간들은 자연 속에 깃듦과 동시에 역 사를 대상화하는 힘을 얻는다. 선은 단순하지만 그것이 부박하다고 느껴지지 않는 건 그런 이유 때문이다. 형태와 선이 군림하듯 조형성을 얻는 것이 아니라 그것들을 오히려 단순화시켜 질감 속으로 스며들도록 허용함으로써 비로소 사람과 자연을 하나로 융합하는 바로 그 힘, 그 강렬한 수용성.

　마을의 언덕배기에서, 눈을 감고, 예전에 있었음직한 마을의 혈관, 길을 그려본다. 급조된 근대화가 이들의 살림살이를 이다지 황폐화시키지 않았더라면 당산나무와 신당이 하나의 꼭지점을 이루고, 굽어보듯 바다를 향해 열리는 집들의 내밀한 수군거림이 서로를 타고 흘렀어야 했을 길들. 혹여, 아직도 그 길들이 우리의 기억 속에 조금이라도 깃들어 있다면, 저토록 마구 경적을 울려대며 동네 아이들과 개들을 몰아내는 대신, 마을 입구 어디쯤 멀찌감치 자동차를 세워 두고선, 신당 앞을 지날 땐 시간의 숭고함에 조심스레 모자를 벗어드는 우리가, 어쩌면 먼 미래에라도 약속될 수 있는 것일까.

2008년 봄, 학리가 건너다 보이는 일광 해변

세계의 끝, 영도다리

　세월의 때가 묻어 보석이 되는 것도 있지만 쓰레기가 되어 버려야 할 것도 있는 법이다. 아파트 살림살이는 좀처럼 보석이 되어주지 않는다. 낡아 제 기능을 다하면 갈아버리거나 아예 허물고 새로 지어야 한다. 그럴 수밖에 없는 것이, 늘 닫혀 있기를 바라는 현관문이 철옹성처럼 사생활을 움켜쥐고 있는 한, 어떠한 관계나 뒤섞임도 허락되지 않음으로써 홀로 썩을 따름이기 때문이다. 관계에 대한 거부의 몸짓이 이렇듯 완강하면 할수록 시간의 얼룩은 우리의 모든 사물들을 보석은커녕 더 빨리 쓰레기로 만든다. 보석이 되거나 쓰레기가 되는 건, 그러므로 사물들 그 자체의 속성 때문은 아니다. 부산의 영도다리(지금 이름은 영도대교)처럼 오랜 세월 동안 사람들 사이를 가로놓아 그것이 없다면 과거와 현재를 서로 넘나들 수 없게 될 때 비로소 그 어떤 사물은 보석이 되어 나를 비춘다.

　　우리나라 최초의 도개교인 영도다리가 놓인 건 1934년이며, 다리가 놓임으로써 영도는 부산의 일부분이 되었다. 그러나 이러한 표현에는 어폐가 있다. 우리나라 최초의 도개교라고는 하지만 건설의 주체가 조선인이었던 것도 아니었고, 영도가 부산의 일부분이 되었다지만 다리가 건설되고 난 후 영도는 도리어 부산 내륙에서 건너간 부랑민으로 들끓었으니, '최초'니 '도개교'니 하는 이 빛나는 수사는 우리의 몫일 리 없는 것이다. 참고로 1930년대 통계자료에 의하면 부산부(府) 토지 중 약 75%가 일본인 소유로 되어 있으니 짐작컨대 가혹한 수탈정책으로 인한 공간변화에 적응할 수 없었던 조선인들이 다리가 놓이자 내쫓기듯 모여들었던 곳이 영도 고갈산 언덕배기였을 터이다. 지금도 곽경택 감독의 〈친구〉의 동수가 서서 바라보았음직한 수정동 산동네에서 내려다보면 고갈산 중턱의 올망졸망한 불빛들은 마치 수많은 괭이눈처럼 부산 내륙을 향해 번뜩이고 있다.

　　영도다리의 보존과 철거를 놓고 시민단체들과 부산시 간의 팽팽한 갈등이 보존 쪽으로 일단락 지어짐으로써 경제우선주의적 논리가 한풀 힘이 꺾인 건 사실이지만, 곧 이어 들어설 무려 107층에 달하는 초고층 빌딩인 〈부산 제2 롯데월드〉가 마력을 행사하는 순간 이 일대의 공간변화는 늙어빠진 시어미 같은 영도다리에 긍정적으로 작용하지 않을 것이 분명하다. 모든 어리석음은 한국식 포디즘으로부터 오고 있다. 번쩍이는 모든 것이 보석인 줄 알았는데 그것들이 서방 세계의 모조에 불과했다는 걸 아는 데 우리는 너무 오랜 시간과 정력을 허비해 왔다. 영도다리의 보존가치는 '최초'의 도개교라는 명분 따위에서 오는 것이 아니라 우리의 왜곡된 근대사를 거울처럼 정직하게 비추고 있다는 데 있다. 그리고 그 가치는 근대사로부터 입은 우리의 상처가 말끔히 씻겨나가지 않는 한 앞으로도 계속 유효할 것이고 유효해야 마땅하다.

　　어떤 공간은 블랙홀처럼 사람과 사물들을 마구 빨아들인다. 한국전쟁이 한창일 때 영도다리가 그랬다. 월남한 예술가들, 특히 서울서 피난 온 문인들은 자신의 실존을 반추하기 위해 바다, 혹은 영도다리에로 저절로 이끌렸다. 황순원, 김이석, 이호철, 김동리 등이 영도다리 난간에서 보았던 바다는 풍경으로서의 그것이 아니다. 세상의 끝, 이육사가 "한발 재껴 디딜 곳조차 없다"고 했던 절정의 고원 같은, 무엇인가를 보는 지각의 주체로서가 아니라 지각하는 주체라는 사실조차 힘겨워진, 세계로부터 내던져진 자신의 끝과 실존을 바라보기 위해 섰던 곳이 바로 영도다리였다. 자살에의 희망을 허락하는 곳이기도 했고, 자살한 몸뚱이를 힘겹게 게워내는 곳이기도 했다. 자살을 희망으로만 간직했다면 이호철처럼 쓴 소주 한 잔으로 삶의 회오를 함께 삼키기 위해 비린내 나는 선창가의 자갈치시장 난전을 찾았을 터이고, 깨끗하게 잠적해 버린 동료의 자살 소식을 들었다면 김동리처럼 울부짖으며 슬픔을 함께 할 광복동 〈밀다원〉에를 기어들었을 것이다. 그리고 우리의 문학사는 오랫동안 이러한 기억으로부터 자유롭지 못했다. 허여(許與)적일 때만 공간은 이렇게 시간의 옷을 입을 수 있는 것이다.

그러나 전쟁이 끝나고 근대화에 박차가 가해진 순간부터 영도다리는 '끝'의 이미지를 삼킨다. 경제개발 5개년계획이라는 국가주도형 자본축적 프로젝트가 실현됨에 따라 부산이라는 지역은 국가가 요구하는 산업도시로 재편되지 않을 수 없었고, 이 과정에서 영도다리는 영도의 조선·철강업을 중앙과 연결하는 힘겨운 무게를 떠받치게 된다. 그로부터 영도다리는 사람을 불러들이는 신묘한 힘을 서서히 잃어 갔다. 컨테이너 차량이 육중한 소음으로 치달리고 영도지역 주민들의 유일한 출퇴근 통로로 매시간 정체되어 매연만 가득한 이곳에 누군들 머물고 싶을까. 사람들이 머물 수 없을 때 그곳은 그저 도로의 연장일 뿐이다. 그 사이 포디즘이 요구하는 도로로서의 기능이 소진되자 영도다리에 바짝 붙여 두 교각의 미적 조화 같은 것은 전혀 고려되지 않은 부산대교가 새로이 건설되었고, 그 덕분에 지금의 영도다리는 을씨년스럽게 부산을, 그리고 부산 바다를 바라다보고 있다.

부산 사람들에게 영도다리의 의미가 무엇인가 하고 묻는 것은 마치 부산에게서 바다가 어떤 의미인가고 묻는 것과 다르지 않다. 이에 대한 답은 "준석아! 아시아의 물개 조오련하고 바다거북이하고 누가 빠를 거 같노?"로 시작하는 곽경택 감독의 〈친구〉가 가감없이 보여주고 있다. 이 영화는 부산에서 올 로케이션했고 근대 부산의 체질과 가장 부합하지만, 그렇다 하더라도 바다는 동수와 준석이가 동심으로 물장구치던 유년기의 기억으로밖에는 더 이상 재현되지 않는다. 바다를 지척에 두고 살면서도, 정작 일상적 삶으로부터 바다가 유리되어 있다는 건 부산이 그만큼 지역적 자립성을 다져오지 못했다는 뜻이고, 이는 중앙에 대한 지역의 종속을 그대로 반증하고 있다. 60년대 이후 국제적 분업 시스템에 신속하게 편입하기 위해 자국의 지역을 몇 개의 기능적 권역으로 분할한 후 이를 중앙에서 통합하는 국가적 생산관리 체제(국가주도형 포디즘)는 부산을 서울의 해바라기로 만들었고, 이 때문에 지방자치제가 실시된 지 십 년이 지났지만 지역의 자치력은커녕 반주변부의 모순은 날로 심화되어 가고 있는 중이다. 이러한 상황에서라면 우리는 자신과 제 이웃의 가치를 소중하게 여기기보다 서울의 초월적인 힘에 자신을 맞추고 이웃을 판단하는 게 월등히 경제적이다. 자신의 내면을 가꾸는 대신 타인의 성공을 깎아내리는 것이 복된 삶이 된다는 뜻이다. 그러므로 부산 사람들에게 영도다리의 의미가 무엇이냐는 질문은 바로 이 지점에서만 유효한 것이다. 영도다리에 서서 자신이 딛고 서 있는 자리가 끝이라고 생각할 때만 바다는 그 절망의 무게로 인해 제 거친 가슴을 열어 보여 줄 수 있을 터이지만, 바다를 등지고 서울만을 바라보고 있을 때 바다는 우물 안 개구리의 높은 울바자가 될 뿐이다.

전쟁 후 근대화 과정 동안 부산의 바다는 분명히 그랬다. 이승만 집권기에 바다는 완전히 차단당했고, 군사정권 때도 해양도시로서의 국제성은 전혀 고려되지 않았다. 따라서 바다는 바라봄으로써 웅비를 꿈꿀 수 있는 공간이 아니라 등지고 앉아 일본인과 서양사람들에게서 야미(やみ)로 들여오는 팝송과 포르노와 밀수 가전제품과 히로뽕이 오고가는 음흉한 통로 같은 곳이었다. 피하고자 하지만 그러면 그럴수록 보고 싶은, 구린 욕망만이 생산되는 곳, 훔쳐볼 수는 있지만 가슴을 활짝 열고 마주 보며 직시할 수는 없는 곳. 그 때문일까? 용두산공원에는 맑은 날이면 대마도까지도 훤히 보인다는 높다란 부산탑이 세워져 있지만 호기심에 이끌린 아이들이나 시골 어르신들이 아니고는 아무도 오르지 않는다. 그 높은 곳에서, 훔쳐보는 것도 아니고 두 다리 쫙 뻗고 서서 무엇을 보란 말인가? 삶의 모든 이야기는 오로지 서울을 향해서만 이어져 있는데…….

영도다리를 감히 보석이라고 말할 수 있는 건, 근대 부산의 그 피곤한 세월을 가장 정직한 표정으로 드러내고 있기 때문일 것이다. 그러므로 경제논리에 밀려 영도다리가 철거된다는 건 아픈 기억을 통해서만 재활할 수 있을 부산의 지역적 자율성을 또 한 번 소거시키는 것과 다르지 않으며, 그렇게 봉합됨으로써 부산의 생래적 기억이 더 이상 소환될 수 없다는 것을 뜻한다. 공간을 통해서만 저장 가능한 사람들의 기억들이 폭력적으로 재편된 공간 때문에 머물 자리를 잃게 될 때 사람들은 쉽게 유령이 된다. 날 기억해 줄 거울이 없으니 스스로를 비춰볼 수 없고, 비출 수 없어 제 생긴 모양을 알지 못하면 나는 타인을 알아보지 못해 타인을 내 욕망의 투사물로 쉽게 삼킬 것은 뻔한 이치이다. 그런 의미에서 현재 부산의 가장 깨끗한 거울은 영도다리이다.

아 참! 그리고 영도다리가 철거되어서는 안 되는 이유 하나 더. 내 고교 1학년 어버이날, 일찍 부모를 여읜 내 짝이 부모님께 카네이션을 바치러 간다길래 뭔 말인지도 모르고 쫄레쫄레 따라갔던 곳이 영도다리였다. 정확히 일곱 번째 교각 위, 뼈를 뿌린 그 자리에 서서 그 친구가 바다 위에 흩뿌리는 꽃잎을 오랫동안 지켜보았었다. 무덤이란 죽은 자를 묻어 그를 기억하기 위한 곳이 아니라 그곳을 통해 현재의 나를 반추하는 곳이라면 영도다리는 내 친구의 고단한 삶을 위해서라도 앞으로도 계속 거기에 서 있어야 할 것이다.

혼종의 공간, 부산 중구

월드컵 4강 신화의 첫발자국을 내디딘 폴란드와의 결전이 있던 날, 부산으로 중계본부를 옮긴 중앙의 메이저 방송국들이 선택한 부산의 상징물은, 결코 뒤바뀔 것 같지 않던 용두산공원의 〈부산탑〉이 아니라 당시로선 미완성 상태에 있던 〈광안대교〉였다. 그리고 바로 그날 밤, 폴란드전을 승리로 장식한 한국축구의 높아진 기개에 힘입어 광안대교는 결코 지워지지 않을 부산의 인상적인 아이콘으로 정착되어 버렸다. 그리고 이 변변찮은 사건은 이후 부산의 공간 변화를 단번에 입증할 아주 중요한 단서로 남겨졌다.

어느 도시에나 '중(구)'라는 명칭과 지역은 다 있다. 이 말은 중구라는 이름이 그만큼 흔함을 뜻하지 않는다. 오히려 너무나 귀해서 하나씩은 반드시 가져야 했던, 근대적 배치의 필연적 산물이다. 말하자면 각 기관들의 생산을 통합하고 분배의 효율성을 제고할 심장이 위치하는 곳. 그런 만큼 함부로 범하지 못할 중심으로서의 아우라가 늘 드리워져 있는 곳이 곧 중구인 셈이다. 그런 중구가 불식간에 그 찬란한 지위를 찬탈당했다는 건 사건임이 분명하다. 도대체 무슨 일이 있었던 것일까?

이 변화의 근저에는 단순히 부산이라는 지역 내 공간 권력 변화라는 문제를 뛰어넘는 뭔가가 있다. 근 100년간 경부철도와 고속도로를 타고 잘 공급되고 있던 혈액이 돌연 엉뚱한 곳으로 흘러들었다면 그건 수도꼭지의 문제가 아니라 수도공급업자의 의지로 이해되어야 할 터, 그렇다면 이 변화는 부산의 내부 요인이 아닌 외적 인자에 그 근거를 두고 있음이 확실하다. 그 파이프라인이 구체화된 것이 〈광안대교〉

이고 그 엉뚱한 곳이 해운대라는 새로운 거점이다. 확실히 중구는 지금 고사 직전에 놓여 있는 반면 해운대는 거의 수직 비상하고 있다. APEC 회의실 '누리마루 APEC 하우스'가 준공되었고, 첨단 IT 단지인 센텀시티 내에 BEXCO(부산전시컨벤션센터)가 건립된 건 이미 6년 전의 일이며, 그리고 PIFF(부산국제영화제) 전용관인 부산영상센터가 2008년 완공을 앞두고 있다. 관광과 전시를 주된 생산동력으로 삼는 탈근대적 가치가 해운대를 통해 아낌없이 발휘되고 있는 셈이다.

사실상 스러진 옛 영화를 애도할 생각이 아니라면 중구를 논할 때 해운대를 곁눈질하는 건 불가피하다. 그것은 중구에서 해운대로의 권력 이동이 단순히 공간 대체에 머무는 것이 아니라 권력 이동과 함께 권력의 속성 자체가 근원적으로 변하고 있기 때문이다. 다시 말해 분업에 기초한 국민국가 중심의 포디즘적 권력이 중구를 생산한 기제였다면, 해운대의 탄생은 그런 낡은 자본축적체제와는 다소 별무한 지점에서 출발하고 있는 것이다. 해운대의 탄생은 90년대 이후 탈근대화를 가속화시킨 자본의 전지구화 과정과 비물질적 노동의 확대에 따른 세계시장의 재편과정과 바로 맞닿아 있다. 그 동안 국가의 관리 하에 있던 경제조절장치들이 IMF 외환위기가 불러들인 세계화로 와해됨으로써 부산경제의 구심점이었던 제조업이 급격히 공동화되었던 탓에 이를 만회하기 위한 체질 개선이 해운대로부터 재현되고 있는 것이다. 그 이름도 거창한, 지역의 세계화!

문제는 해운대의 탄생이 불러온 부산의 이 공간재구조화가 철저히 지역간, 계층간, 세대간 단절에 기초하여 형성되고 있다는 데 있다. 전시와 관광을 앞세우고 세계화를 지향하면 할수록 해운대 혹은 부산은 외부자의 시선, 혹은 다국적 자본에 포섭된다. 정작 일상적 삶을 영위하는 사람들의 동선은 배제된 채 외부자의 투어리즘(tourism)에 맞춰 공간이 조성되지 않을 도리가 없고, 그렇게 볼거리를 내세운 스펙터클 뒤편으로 부산시민의 현실적 삶은 더욱 깊숙이 유폐되지 않을 수 없는 것이다. 이보다 더한 최악은 자본의 시선에 구조화된 시 정책자들과 경제적 기득권자 그리고 해운대 지역주민들의 욕망의 구조이다. 자본에 포섭된 이들 반주변부 기득권자들은 자신의 미래를 온통 중앙의 추상적인 논리와 초국적 자본의 유동성에 저당잡힌 까닭에 기왕의 전통적인 부산의 인적 물적 네트워크와는 완전히 단절하려 하는, 분할과 배제만을 생존의 원리로 취하려 든다는 사실이다.

　　이러한 반사적 우려가 가장 뚜렷이 현실화되어 나타난 지역이 바로 중구이다. 중구에는 타 지역 사람들조차 이름만 대도 알만한 명물들, 자갈치시장·국제시장·남포동의 PIFF거리·용두산공원·보수동 책방골목·연안부두·영도다리 등이 즐비하지만 이 중 어느 곳도 옛 명성을 그대로 유지하고 있는 것 같아 보이지 않는다. 부산국제영화제 기간에만 반짝 옛 명성을 실감할 수 있을 뿐(이 또한 이미 상영관의 대다수가 해운대로 이전되었고, 영화제 전용관이 건립되는 시점에선 더 이상 기대하기도 어렵다) 그 외에는 을씨년스러움만이 촌티나게 빛난다. 거리에 사람이 없으니 가로의 모든 시설물들이 허풍스러워 보이고 헤퍼보이는 것이다.

　　그런데도 가끔씩 나를 놀라게 만드는 건, 깍쟁이 서울사람들이나 바다 건너온 외국인들이 쇠잔한 이곳 풍경에 보이는 반응이다. 한번이라도 이곳을 지나친 사람들은 이곳을 잊지 못하고 반드시 '한번 더!'를 외쳐댄다. 그럴 때마다 나는 내심 노기가 뻗친다. 그들이 진정 보고 싶어 하는 건 국제시장이나 자갈치시장의 현실이 아니라 여행객의 낭만적 상상에 이끌린 단발적인 구경거리임을 모르지 않기 때문이다. 그들의 눈에 비친 이곳은 얼마나 판타스틱할 것인가. 현대적 빌딩 숲 사이로 거대한 재래시장이 있고, 세련됨 대신 거칠고 투박한 몸짓이 역동적으로 얽혀들 뿐 아니라 무엇보다 바다가 바로 발아래에서 일렁거리고 있으니 구경감으로서는 이보다 더 좋을 수는 없을 것이다. 그런데도 너무도 매력적인 이 풍경 때문에 그들과 달리 나는 또 한번 좌절한다. 구경꾼이 구경감을 찾는 건 너무나 당연한 노릇이고 보면, 나의 그런 엇나간 감정이 기실 이곳의 매력을 자기 것으로 전유하지 못하는, 혹은 못하도록 가로막고 있는, 지역주민들에게 가하는 자본의 왜곡된 주체화 때문임을 불현듯 깨닫게 되기 때문이다.

　　하지만 가르시아 칸클리니 같은 문화이론가는 400년 가까이 서구의 지배를 받아온 라틴아메리카에서조차 절망이 아닌 희망을 읽어내라고 말한다. 어느 지역에 비할 바 없이 거친 세계화의 급류에 휘말렸던 그곳에서 그가 본 것은 전근대와 근대,

그리고 탈근대가 뒤섞임으로써 나타나는 새로운 문화적 잡종성과, 또한 그것으로부터 생성되는 시민주체와 그들 간의 네트워크였다. 아마도 우리가 미처 자각하지 못하고 있는 것 또한 그런 것들일지도 모른다. 서구로부터 훔쳐본 근대를 미상불 우리가 지향해야 할 최종적 목적이며, 그것이 왜 우리에게는 이다지도 쉽게 와주어지지 않느냐고 은연중에 애 닳아 하고 있지는 않았는지 되짚어볼 일이다. 사실상 세계화에 대한 '비관적인' 적대만이 우리가 할 수 있는 모두이지는 않을 것이다. 중구와 해운대는 이미 절단되어 있다고 믿지만, 그 '사이'를 바라보는 일과, 거기에서 생성될 혹은 생성되어야 할 특이점들을 찾는 일과, 그것에 형태를 부여하는 일은 우리의 지역적 공간들이 분할과 배제를 거듭하면 거듭할수록 계속 아픈 과제로 남겨질 터이다.

　가끔씩 부산이 로케이션된 영화를 보면서 재현과 실재 사이의 너무나 큰 인식상의 간극을 경험할 때가 있다. 〈인정사정 볼 것 없다〉의 '40계단'이나 〈성냥팔이소녀의 재림〉이 '광안대교', 〈달마야 서울가자〉의 '광복동', 〈2009 로스트 메모리즈〉와 〈하류인생〉의 '중앙동 거리' 그리고 〈친구〉의 '영도다리' 등은 부산 토박이인 내가 봐도 언제나 낯설다. 이 낯설음은 단순히 카메라라는 매개물 때문만은 아니다. 여기엔 토박이이기 때문에 정작 보지 못하는 시선의 특이성이 개입한다. 이 시선은 자본이 지역주민들에게 제공한 주체화의 시선과는 분명 다른 것이며, 오히려 영화 속의 운동 에너지가 다른 재현매체들과는 달리 기왕의 텍스트를 해체하고 재맥락화하려는 강한 욕망을 내재하고 있기 때문에 생성되는 것이다.

　새롭게 맥락화된 중구의 풍광들은, 그래서 다층적 결을 띠고 있다. 예컨대 〈달마야 서울가자〉에 비친 광복동의 전통적인 사찰 '대각사'는 현대적 가로와 빌딩들과 맥락화 됨으로써 의미를 띠고, 〈인정사정 볼 것 없다〉의 '40계단'은 의도적으로 과장한 느와르 특유의 거친 질감 속에서 과거와 현재적 시간을 절묘하게 접합됨으로써 빛난다. 이미 카메라를 들이대기 전부터 예상되었을 이러한 문화적 혼종과 다층적 결은, 토박이들은 미처 자각하지 못할지라도 외부인들의 시선에는 쉽게 포착되는 부산, 특히 중구라는 이 공간이 내장하고 있는 특별한 힘이다. 자본은 공간이 하나의 힘으로 순수해지기를 욕망하지만 그렇다고 모든 이질성을 다 영토화히지는 못할뿐더러 때로는 이 욕망을 위해 이질성을 재영토화하기도 한다. 중구의 현재 모습이 바로 그러한 과정의 산물인 건 분명하지만, 희망은 오히려 그 때문에 생성되기도 하는 것이다.

그러므로 부산에 오면, 먼저, 자갈치 공동어시장에서 아줌마들의 걸쭉한 입담을 안주삼아 회 한 접시를 맛있게 먹자! 그리고는 PIFF거리와 국제시장을 구경한 후, '카톨릭센터'를 끼고 '등산'을 시작하자. 어느 도시나 다 마찬가지겠지만 매끄러운 간선도로는 우리를 매트릭스로 이끌 뿐 싱싱한 삶을 보여주지 않는 법. 신발 끈을 졸라매고 영주동 고갯길을 오르면 비로소 부산은 제 모습을 보여주기 시작한다. 야경은 너무 멋있지만 맹독성이니, 초행이라면 삼가시고 낮 시간을 이용할 것. 걷다 지쳐 풀어진 다리근육 때문에 휘청 몸이 앞으로 쏠릴 때 어떤 환청을 듣는다 해도 놀라지 말 것. 수백 년 전 왜관(倭館)에서 들려오는 징소리와 접안하는 관부연락선의 고동소리, 북서쪽에서 들려오는 대포소리, 그리고 청소차가 내지르는 새마을 찬가들. 이 모든 소리들을 가닥 나누기 어려운 곳이 부산이고, 이렇게 혼종된 소리를 횡단적으로 가로질러가야 부산을 보는 것이고, 그 속에서 절망과 희망을 동시에 맞닥뜨릴 수 있어야 비로소 부산을 이해하는 것이기 때문이다.

다시 강조하건대 초행길엔 이곳의 야경을 탐하지 마시길! 어겼다고 소금기둥이야 되진 않겠지만, 초국적 자본의 흡판에 평생 생체에너지를 빨리는 재앙을 피할 수는 없을 것이다. 몇 년 전 한밤중에 〈치히로〉가 행방불명이 되어 〈센〉으로 변하기도 했던 이곳은 일상적 삶을 스펙터클로 만들고, 우리의 몸을 순식간에 권력기계로 바꾸는 기적(?)이 행사되기도 하기 때문이다. 그러니 혹시라도 초국적 자본의 생체권력에 포획되었다고 생각하면, 재빨리 〈이웃집 토토로〉에게 도움을 요청할 것. 그놈은 수백 년 된 사당과 근대적 내연기관과 사람들 사이의 낡은 숲이 공존하는 헤테로토피아, 이곳 중구에 살고 있는 수호 '괴물'. 그러나 아무리 토토로를 외쳐 불러도 나타나지 않으면 그놈이 오수를 즐기고 있거나, '아직은' 이곳이 헤테로토피아가 아니거나!

2005년 여름, 용두산공원과 이순신장군 동상

물만골, 막힌 곳에서 길을 열다

길은 어디론가에 가 닿지만, 머물지 않고 떠나고자 다시 열리는 것이 또한 길이다. 황령산을 넘어 물만골에 다다르면 문득, 그런 생각을 하게 된다.■■ 황령산 정상에서 내려다보면 물만골은 산 속에 완전히 고립되어 있는 형상이다. 멀지 않은 곳에 시청과 법조타운이 보이고 대형할인마트와 주상복합건물이 바다를 이루는, 저 인간들의 도시 한 편에, 내몰린 한 마리 야생동물처럼 납작 엎드려 있다. 생존의 긴장을 두려움과 절망으로 범벅하고 있는 저 낮은 자세는, 그러나 강화되고 있는 세계화로부터 제 삶의 자율성을 고수하기 위해서라도 주변부 부산이 반드시 배워내야 할 필연적 품새일지 모른다.

　　실제로 물만골의 고립은, 대부분의 도시 빈민구역들과는 달리 타율적인 것이 아니라 자의적인 선택의 결과였고, 또한 정치적 투쟁의 산물이라는 측면에서 시사하는

■■ _ 물만골 공동체는 지난 92년의 철거저지 투쟁, 98년 부산시의 마을 관통 4차선 도로 개발계획에 맞서면서 자연스럽게 형성되었다. 물이 많아 '물만골' 이라 명명된 이곳은 70년대 도심 판자촌 철거 정책에 밀려난 사람들이 하나 둘 모여들기 시작하면서 마을이 형성되기 시작해, 현재는 거주지 약 11만평에 430세대 1500여 명이 자치를 꿈꾸며 살고 있다. 98년부터 공동체에서 땅을 매입하기 시작해 지금은 산 위쪽 일부만을 남겨놓고 모두 매입한 상태이다. 물만골 공동체는 2002년 황령산 생태복원 및 쓰레기 배출없는 마을 만들기 운동으로 부산시가 주는 부산녹색환경상을 수상했고 환경부로부터는 자연생태마을로 지정받기도 했다.

바 적지 않다. 부산시 도시 공간 균질화 작업에 지난 15년 여 동안 맞서 싸워오면서 이 지역, 물만골 공동체는 경제적 자립에 기초한 자치 공동체를 일구어내는 데 주력해 왔고, 그 과정에서 그들은 외부와의 단절을 스스로 조성했던 것이다. 그리고 이 단절의 흔적은, 지금 물만골과 그 외부를 연결하고 있는 길의 형상에서 충분히 상징적으로 재현되어 있다.

　　대부분의 빈민구역들이 그렇듯 물만골에도 골목길이 모세혈관처럼 퍼져 있고, 이 골목들을 통합하여 마을의 소통을 규율하는 중앙로 또한 번듯하지는 않지만 분명히 건재해 있다. 우리가 눈여겨봐야 할 것은 이 길들이 외부와 만나는 방식이다. 현재 물만골의 중앙로는 외부인의 시선으로 볼 때 다소 인색해 보일 정도로 소통에 적대적이다. 황령산 자락과 만나는 마을 북편의 통로도 그렇지만 마을의 남쪽 입구 역시 동네 코앞까지 득달같이 달려온 진입로에 비해 터무니없이 좁혀져 있다.

　　이는 98년에 착공되기 시작한, 황령산의 정상을 통해 잇는, 수영구에서 연제구에 이르는 4차선 터루공사가 이들 물만골 주민들에 의해 저지된 결과이다. 이 터루는, 현재 물만골 뒤통수에 와서 끊겨 있는 상태이고, 입구 쪽도 마찬가지다. 그 때문에 누구든 동네를 뒤로 한 채 진입로와 마주서면 마치 시위대의 틈새를 가로지르기 위해 노려보고 있는 진압군의 퍼런 서슬과 맞닥뜨린 듯한 위태한 느낌을 받게 된다. 황령산 정상으로부터 미끄러지듯 달려온 도로의 질주가, 좁아진 길로 인해 가속도의 욕망이 급하게 제동되어야 하는 바로 그 지점에서 감당하기 어려운 저항이 증폭되기 때문이다. 그리고 부산시는 이 공사를 2008년 다시 재개하겠다고 수차례 공표함으로써 불길함을 배가시키고 있다.

　　부산시의 계획대로라면 얼마 후 물만골 공동체는 길의 형태를 놓고 되돌릴 수 없는 정치적 선택을 해야만 한다. 마을의 중간을 가로지르는, 4차선 확장공사에 동의함으로써 살길을 모색할 것인지, 아니면 이에 대항하는 지양의 에너지로 고립의 길을 계속 고수할 것인지. 이 극단적 선택은, 경제적 소수자들의 생존에 맹목적인 이 나라, 혹은 부산이라는 주변부 지자체의 생리를 염두에 두는 한 결코 낙관적이지 않다. (APEC과 한미 FTA 저지 투쟁 당시의 그 처절한 비감을 기억해 보라!) 이 말은 물만골이 지금까지 계속 진행해 온 지역 자율성 제고 프로그램조차 부차적으로 여겨질 만큼 이 도로 문제가 중요하다는 뜻이고, 뿐만 아니라 주어진 조건의 열악함 때문에 이 문제에 대처할 제3의 방식이 현실적으로 거의 존재하기 어렵다는 뜻이기도 하다. 길이 도로가 된다는 건, 단순히 노폭이 확장된다는 차원이 아니라 삶의 질이 규정되는 문제이기 때문이다.

단언컨대 길은, 두 지점 간의 이동을 위해 구축된 수동적 구조물이 아니라 스스로 욕망하고 스스로 구축하는 매우 능동적인 유기체이다. 근대사회로의 진입 이후 길은, 놀라운 확장력으로 세계를 잠식해 왔다. 자본증식에의 욕망이 무한정 길을 개척해 내고, 다시 국민국가의 사법적 욕망이 이 위를 단단하고 매끄럽게 질주함으로써 길은 역사적으로 스스로 생장하는 자생력을 보장받아 왔기 때문이다. 그로 인해 근대 이후의 길은 인간들의 삶의 경험을 적층시킴으로써 다져지거나, 궤적을 남김으로써 시간적 공명을 허락한 적이 없었다. 오직 명령의 속도를 보장하기 위하여 이에 불복하는 모든 영토들과 모든 삶의 경험들을 균질화시켜 왔으며, 그리하여 굴곡진 길이 머물면서 떠나기를 허용할 때, 이 직선의 도로는 점과 점 사이를 연결하는 패쇄적 경로가 됨으로써 인간의 욕망을 오로지 자본이 욕망하는 지점으로 이동시키고, 집중시켜 왔던 것이다.

그 때문에 물만골의 길이 명령의 선에 통제되지 않고 여태 자기 순환적인 생명의 선을 유지하고 있다는 것은, 국가와 지역의 발전을 오로지 경제발전이라는 단일한 인자 속에서만 상상해온 우리의 현실에 비추어볼 때, 하나의 모범적 사례로서 충분한 가치를 갖는다. 하지만 이 모범적 사례가 갖는 의미가, 탈근대적 경향이 가속화되고 있는 이즈음에 와서 또 다른 한계에 봉착해 있음 또한 묵과하기는 어렵다. 비근한 예로 물만골 지역의 토지 소유권 문제라든지 수세식 화장실로의 개보수 문제 등이 이 한계를 명백히 시사한다. 현재 물만골 주민들 개개인의 토지소유권 주장은 공동체의 동의절차를 거쳐야 하므로 사실상 거의 불가능하며, 자체 정화시설을 갖춘다고는 해도 수자원 확보라는 문제가 여전히 남는 화장실 문제(430여 세대 중 현재 수세식 화장실 보유 세대는 두 세대뿐이며, 환자 등 특별한 경우를 제외하곤 개보수가 억제되고 있다) 등은 자치·생태지역을 지향해 온 이 공간의 가능성과 한계를 동시에 내포하고 있다. 말하자면 의사수렴이 민주적으로 이루어진다 하더라도 대의제가 갖는 표현의 한계를 떨쳐버리기는 어렵다는 것, 그리고 자신들만의 내부를 공고히하면 할수록 외부에 대한 지양의 욕구 또한 강화됨으로써 외부와의 소통과 연대가 필연적으로 차단되고 말 것이라는 불길한 예감 같은 것들 말이다.

한때는 외부의 적으로부터 물만골 사람들을 하나로 결집시키는 데 기여했던 이 지양의 에너지가, 그러나 물질적 도로보다 더 빨리, 더 효율적으로 명령을 실어 나르는 사이버 길이 생겨나고, 이로부터 새롭게 생성된 개인의 욕망이 집단적 규율에만 의존하기 어렵게 되어버린 지금, 물만골을 자기완결적인 고립의 세계로 내몰 것은 자명하다. 길은 열려 나아가지 않는 한 그만큼 지양의 힘을 키워야 하고, 이 힘은 결국 내부의 긍정적 에너지를 변질시켜버릴 수밖에 없기 때문이다. 그러므로 지금 물만골이 필요로 하는 것은, 내부의 결집된 힘만이 아니라 외부와의 접속과, 명령과 통제의 선이 아닌 자율과 소통의 길이다. 어쩌면 그것이 유제규 감독의 〈1번가의 기적〉이라는 대중적 문화물을 통한 대중과의 소통일 수도 있고, 〈공공미술프로젝트〉를 통한 새로운 문화적 실천일 수도 있다. 다만 이것을 일과성으로 소진하지 않으려면 정치와 문화를 분리하지 않는 통합된 의식이 필연적으로 요청된다. 현실정치가 이미 자기환원적인 것일 때, 문화만이 현실정치의 균열을 자기 갱생의 에너지로 전환할 수 있기 때문이다. 지금까지 길은 늘 막힌 데서 열리고 열린 곳에서 막히지 않았던가.

2003년 겨울, 물만골에서 내려다보이는 도심

직선 아래 끊어진 곡선의 욕망, 사상

옛 영화의 흔적은 이다지도 추한 것인가. 동서고가도로 위에서 내려다보는 공단지역의 자취는 흉물스럽다. 삐죽이 튀어나온 굴뚝과 무채색의 외벽, 허풍스러운 건물 외관 때문만이 아니라 그럼에도 당당해 왔던 활기가 썰물처럼 빠져나간 그곳을, 깔보듯 내려다보고 있는 고층 아파트들과, 골목마다 짙은 등불을 켜고 있는 모텔들과, 그리고 생산의 현장까지 버젓이 밀고 들어온 죽음의 장례식장들 때문에 이곳은 이 빠진 밥그릇처럼 삶의 허술함이 애잔하게 묻어난다.

이제 와서 사상공단에 눈길을 돌리는 것은, 이젠 노인이 되어버린 옛 산업역군들의 추억을 되살리기 위해서가 아니다. 60년대에서 80년대까지의 그 은성했던 기억들을 불러내는 건 자칫 개발독재의 포디즘식 삶을 오히려 합리화하는 데 일조할 뿐이다. 그보다는 봄철 동백꽃처럼 모가지가 댕강 부러져 땅바닥에 나뒹구는 한철 노동자들의 일상적 삶과, 이 헛헛한 삶을 자양분 삼아 오늘에 이른 부산의 탈근대적 환상을 반성하기 위해서이다. 세월이 흘러 강산은 제 자식조차 알아보지 못할 만큼 변해도, 삶은 매양 어디론가 뻗어가는 길 위에 주저앉아 어디로 실려 가는지도 모를 신발과 숟가락, 값싼 가구와 기계류들을 쉬지 않고 만들어 내지 않으면 안 된다는 것. 이 미천한 삶이, 어느 날 길이 끊겨 컨베이어 벨트가 움직임을 멈출 때, 그들의 삶 또한 함께 멈춰 버린다는 것. 그리곤 다시 뿔뿔이 흩어져 지금까지 수 십 년을 익힌 일을 버리고 낯설디 낯선 노동에 또 온몸을 던져야 한다는 것.

그러므로 길은 늘 우리들의 목숨이다. 길은 제 자신이 어디로 가고 있는지, 어디에 가 닿을지 알려주려 하지 않지만, 허겁지겁 우리는 그 길을 쫓고 또 쫓는다. 그렇게 쫓아야 할 길이, 지금, 사상에는 없다. 생산의 현장을 하나로 묶어 속도를 부여하던 예전의 간선도로는 토막토막 끊어져 제 기능을 잃고 오히려 강을 건너 새로운 삶의 현장을 찾아 나서는 사람들에게 제 길를 다 내어주고 있다. 그 때문에 출퇴근 시간에는 낯모를 차량들로 북새통을 이루고, 정작 생산의 시간이 오면 길은 텅 빈다. 그리고 그들의 머리 위로, 길은 이 땅을 비웃듯 어디론가 질주하고 있다.

동서고가도로는 근대와 탈근대를 분절시킴으로써 사상로를 지하도시의 좌표 없는 길로 이끌고 있다. 그러므로 여기저기 단절되어 자신들끼리의 소통이 불가능하게 된 길들은 오로지 자신들의 머리 위를 가로지르는 이 도로를 욕망하는 것으로만 살 길을 도모하지 않을 도리가 없다. 자신들을 철저히 외면하면서 동서로 내닫고 있는 이 도로로 가파르게 접속함으로써만 사상은 이 도시의 주민권을 손에 쥐게 되는 것이다. 하지만 이러한 접속 자체야 뭐 그리 어려울까 마는, 접속이 이루어지는 순간, 그들은 아주 오랫동안 자신들의 삶에 의미를 부여해 주던 삶의 양식과 공동체를 포기하고 부인해야 하는 운명에 빠진다. 동서고가도로가 지시하는 이정표의 끝, 해운대가 더 이상 노동자들의 연대와 가난한 이웃들 간의 상호부조의 삶을 허락하지 않으려 하기 때문에, 그리고 해운대가 세계화로 표상되는 삶의 길을 모색할 때, 길은 노동자들의 욕망을 재현하기는커녕 그 욕망을 파쇄하는 에너지를 통해 더 빨리 더 멀리, 오로지 도로와 속도 자신만을 반영하면서 앞으로 앞으로 나아갈 뿐이기 때문이다.

그러나 우리가 사상에서 볼 수 있는 것은 이것만이 아니다. 동서고가도로는 사상로와 복층화를 이루면서 시간의 퇴적층 또한 형성한다. 사상과 동서고가도로의 접속은 평면상의 순수한 연결, 저항없는 결합이 아니다. 갱생의 길을 찾아 새로운 도로에 접속할지라도 여기에는 동화와 저항의 아이러니가 동시에 함축되어 있다. 물론 이 저항이 근대적인 총체적 지양으로서의 그것은 아닐지라도 탈근대적 삶에 기생하면서 동시에 그것의 바이러스가 되는, 매우 이중적인 저항의 형태를 취한다. 그런 의미에서 사상로의 재구조화는 동서고가도로에 접속하여 속도를 보장받는 길만이 유일한 것은 아니라고 할 수 있다. 이른바 속도만을 중시하는 동서고속도로나 백양로와의 직선으로의 접속 방식이 아닌 곡선으로서의 접속/저항의 방식도 함께 존재하는 것이다. 재편된다는 것은 반드시 분리(separation)와 접합(articulation)이라는 과정을 동시에 포함하기 때문이다.

사상로와 백양로의 이 굴곡진 만남, 그리고 동서고가도로로의 곡선이라는 접속 방식은 새로운 삶의 방식을 도출하면서 새로운 저항의 가능성을 열어보여 준다. 이 새로운 방식은 분리와 접합의 과정을 통해 형성된 인위적 경관을 넘어 새로운 길을 연다. 직선은 두드러지게 속도를 욕망하지만, 이 욕망 때문에 다시 휘어지는 또 하나의 굽은 길은 현재의 시간, 현재의 욕망으로부터 분절된다. 지금 사상에는 이 두 길이 각각의 운명을 쫓아 서로 뒤섞여 있다. 말하자면 탈근대적 욕망이 삶의 공간을 표준화하고 획일화하면서 영토화를 실현하고 있는 한편에서, 여전히 남아 풍경으로부터 비어져 나오는 탈영토화의 흔적들은 지워지지 않은 채 또 하나의 풍경을 연출한다. 사상에는 이를 증명하는 시각물들이 얼마든지 있다. 이들은 지극히 일상적이고 체험적인 공간으로부터 재생되는 것이어서 자본과 국가권력에 완전히 포섭되지 못하여, 하나의 잉여로서 잔존한다.

동서고가도로를 타고 풍경으로 펼쳐지는 사상을 보노라면, 공장의 얼룩진 담장과, 가난한 슬레이트 지붕과 퍼렇고 노란 보일러 물통들, 그리고 서양식 외관의 모텔들 사이를 비집고 나오는 기와집 지붕, 그리고 복잡한 전신주와 전선, 널려있는 빨래들이 시각적 종합에 끊임없이 충돌하면서 고개를 내민다. 동서고가도로 위에서 아래로 굽어볼 때 드러나는 원경의 스펙터클은 이처럼 완전하지 않다. 스펙터클이라는 이 전지적 시점이 사상의 삶을 타자로서 구성하는 것은 분명하지만, 사상에 온존하고 있는 이 이질적인 형상들이 원경으로서의 조망만을 허락하지 않기 때문이다. 그러므로 근경과 원경이 서로 다투어 시야를 만들어 내면서 배경은 일순 사라지고 시각주체는 이들에게 포위당해 새로운 인식을 요구받는다. 이는 마치 들뢰즈가 앙드레 브레송(Andre Bresson)의 영화에서 찾아냈던 파편화 이미지와 크게 다르지 않다. 일테면 카메라의 앵글이 인간의 일상에서는 감지할 수 없는 불가능한 각도에서의 숭고한 이미지를 서슴없이 보여줌으로써 꼭 클로즈업이 아니더라도 사건 진행의 파편화, 탈중심화를 보일 수 있다는 사실. 그것은 클로즈업 쇼트와 마찬가지로 배경을 비가시적으로 만들면서 공간적 부피감을 현저하게 약화시킨다. 그리고 좌표적 공간이 해체된, 이정표 없는 공간들이 겹친 이런 곳이야말로 자본과 속도의 욕망을 되비춘다. 버려진 잉여의 절대적 타자는 이렇게 구성되는 것이고, 이들의 시선 위에서만 탈근대의 환상은 제 거짓 모습을 드러낸다.

항간에서는 사상공단의 재구조화를 서울의 구로공단(일명 구로 디지털단지)의 변신으로부터 그 모범을 찾으라고 주장하기도 한다. 현재 구로공단은 80년대의 그 누추한 오명을 벗고 테헤란로의 국제적 속도와 발맞추기 위해 여념이 없다. 그러나 이 변신은, 신경숙이 『외딴방』에서 아프게 되뇌지 않을 수 없었던 어린 여공들의 삶의 진정성을 결코 보장해 주는 법이 없다. 변신은, 변신하고 싶은 욕구가 강하면 강할수록 더 깊이 억압되어 숨어버리는, 그래서 실어증과 말더듬이가 아니 되고서는 지금 당장 목전에 주어진 현실을 받아들이는 것이 불가능한, 기억상실의 삶을 요구한다. 노동하는 주체에 대한 배려가 깡그리 무시된, 노동 공간만의 재구조화란 이토록 허망한 것이다. 자신의 과거를 지움으로써만 오로지 수락할 수 있는 어떤 것.

거의 4반세기 동안 한국의 정치 경제적 속도를 지탱해 왔던 사상로는 이제 거의 음습하게 지워져 가고 있는 중이다. 옛 영화가 조금도 남지 않은 이곳에서 우리가 만나는 것은 끔찍한 히스테리일 뿐이다. 아침저녁으로 사상로는 폭주하는 교통량 때문에 몸살을 앓지만 그 수많은 차량들은 사상공단의 부흥과는 전혀 무관하다. 오로지 동서고가도로의 속도에 제 몸을 싣기 위해서 달려드는 여름저녁 부나방 같은 존재들만이 온종일 경쟁과 증오의 냄새를 피워대며 빵빵대고 있다. 그 사이 사상공단의 노동자 공동체를 키워왔던 구포에서 구(舊)모라를 거쳐 괘법동과 주례, 개금을 잇는 기존의 도로는 공동화된다. 아니 텅 비는 것이 아니라 지역적 연대의 끈이 절단된다. 시내버스 노선이 하나 둘 줄어들고, 기존의 도로를 향해 번성하던 가게들은 모두들 백양로와 동서고가도로를 향해 돌아앉아 버린다. 그뿐만이 아니라 사상로가 살아 움직일 때 이들 노동자들의 문화를 이어주던 사상에서 서면, 서면에서 광복동까지의 선분 또한 연쇄적으로 공동화되고 절단된다. 그 결과 지금 서면과 초량과 광복동은 서로 대화를 나누지 않게 되었다. 서로에게 무관심하며, 동시에 서로에 대해 적대적으로 변해버렸다.

그러므로 점차 심화되는 부산의 지역 고립 현상을 읽는 방식은 이제 새로운 논리적 지평을 필요로 한다. 경제논리에만 입각하여 옛 영화를 회상하며 조상하는(혹은 그 영화를 되찾고자 하는) 방식으로는 새롭게 재편되고 있는 부산/자본의 방향과 그 속도를 가늠하거나 저항하는 것은 불가능하다. 오히려 우리는 이들로 인해 고립되어, 마침내 분출되는 과잉의 몸짓들로부터 새로운 운동의 가능성을 읽어내지 않으면 안 된다. 실제로 고립이 현실화 될수록 고립을 극복하기 위해 취하는 노력은 오로지 하나의 방향, 즉 자본의 속성과 일치되고자 하는 욕구로만 표출될 수밖에 없으며, 이 과잉결정의 효과는 무수한 신경증을 유발하겠지만, 동시에 억압된 것의 귀환을 촉구하는 계기로서도 작용한다. 우리는 이 가능성을 서면과 초량, 초량과 광복동의 고립된 틈새에서 언뜻 언뜻 볼 수 있으며, 그리고 사상지역에서는 이를 보다 분명하게 목격할 수 있다.

지금 백양로를 사이에 두고 사상지역은 지역적 단절을 명백히 경험하고 있고, 이 때문에 조락해가고 있는 기존의 사상로는 기왕의 흐름을 절단하고 백양로에 자신의 신경을 접속하기 위해 안달하고 있다. 하지만 이 히스테릭한 도로 재편은 자신의 신경을 모두 접속한 순간 해소되는 것이 아니라 이미 구조적으로 뒤틀려져 버린 도로의 생리상 앞으로도 지속적으로 자신들의 개차를 확인해야 할 것이다. 물론 이 히스테리의 병발 자체를 하나의 가능성으로 받아들일 수는 없겠지만, 이 신경증을 통해서만 자본의 매끄러운 흐름이 감지될 수 있을 뿐이라면, 앞으로 우리의 행보는 이 지역의 경제적 갱생이라는 허구적 논리가 아닌, 보다 중층화된 문화적 논리 위에서 하나하나 해결점을 모색해 나가야 할 것이다.

2006년 여름, 괘법동 아파트 복도에서 보이는 사상

콜라주로 만나는 부산의 풍경

도시란 생래적으로 콜라주(collage)다. 이질적인 요소들이 모여들기 때문이 아니라 이질적인 요소들이, 마침내 하나의 욕망으로 수렴되어 버리기 때문에 그렇다. 이질성과 다양성은 일상 저편에 허구로만 존재할 뿐 도시는 욕망의 흐름이 분산되는 것을 결코 허용하려 하지 않는다. 그러므로 도시인이란 자본의 요구에 따라 자신의 노동력을 길들이고 그 대가로 정주권을 부여받는 사람일 뿐이며, 다양한 차이와 그러한 이질성을 삶의 윤리로 바꾸지 못한다. 그들은 다만 허구적 환상을 꿈으로 바꾸고, 꿈꾸기를 반복함으로써 윤리를 갱신할 따름이다.

그런 의미에서 도시는 콜라주의 원형이라 할 수 있는 파피에 콜레(papier collé)와 더 닮았다. 브라크나 피카소 등이 현실을 재현하면서 페인팅 위에 종이를 찢어 붙였던 것에서 유래된 이 색다른 기법은 물감의 질료적 속성에 대한 입체파의 근본적 회의를 반영하고 있다. 전통적으로 물감은 이차원상의 평면 위에서 입체감을 얻기 위해 시각적 왜곡이 잘 구현될 수 있는 방향으로 발달해 왔으므로 개별적 사물의 존재성에 주목했던 입체파 화가들이 이를 회의의 대상으로 삼았던 것은 자연스럽다. 그들이 페인팅 위에 종이를 찢어 붙임으로써 얻게 된 효과는, 따라서 사물들 사이의 자연스러운 흐름이 아니라 사물들간의 뚜렷한 단절감이었다. 마치 근대적 도시들의 존재방식이 그렇듯 도시에 거주하는 사람들의 삶을 통제하기 위해 매끄러워진 욕망의 흐름을 절단함으로써 그들은 사람과 사람, 혹은 사물과 사람들 간의 존재론적 균열을 작위적으로 드러내고자 했던 것이다.

 시청 가는 길에 우연히, 1층 로비의 한 벽면을 마치 캔버스처럼 쓰고 있는 사진 콜라주작품, 〈부산, 시간의 기억들〉(권수미)을, 선걸음에서 오래 바라보면서, 그런 생각을 하게 된다. 수 백 장의 조각 사진과 인쇄물의 여러 이미지들을 때로는 병렬하고 때로는 중첩함으로써 가로로 길게 펼쳐놓아 대형화된 그 작품은 마치 따가운 햇살을 받고 있는 고물상 풍경 같아 보였다. 지금은 도시 인근에서는 찾아볼 수 없게 되었지만 십 수 년 전만 해도 변두리 동네라면 흔하디흔했던 고물상의 오후 두 시 풍경은 대충 그런 것이었다. 아직 넝마장수들이 몰려들기는 이른 시간이고 전날 들어온 넝마들은 채 마르지 않아 햇살 아래 온 마당을 차지하고 한가롭게 펼쳐진, 그러나 이제 곧 닥칠 고물상 주인의 긴장된 손길을 기다리는 폐지들을 보는 느낌 같은. 그곳에 쭈그리고 앉아 폐지들을 한 장 한 장 들춰보는 기분은 매우 각별한 것이기도 했다. 거기엔 시간의 얼룩은 말할 것도 없고 아주 내밀하고도 사적인 낙서와 마주치기도 한다. 무심히, 혹은 예리한 마음의 상처 끝으로 써 내려갔을 그 문구들은, 저려오는 다리를 채 펴지도 못하고 읽어가고 있는 우리들에게 하나하나의 얼굴로서가 아니라 한 다발의 묵직한 울림으로 다가와 침전한다.

 이 설치작품이 이미지의 다발과 단층화된 구성으로 조형화된 건 아마도 이런 이유에서일 터이다. 그러므로 마구 펼쳐놓은 이미지들 속에서 작가의 조형적 의도를 찾는 일은 별반 의미가 없다. 더러 조형성이 감지된다 해도 그건 고물상 주인이, 펼쳐놓은 넝마들을 수거하기 쉽도록 만들어 놓은 그만의 작업선과 같은 것. 그래서 관객들이 작품의 상단을 길게 가로지르고 있는 조선통신사(朝鮮通信使) 행렬의 위 아래에서, 남의 낙서를 훔쳐보는 것만큼이나 한가롭게 이미지 하나하나를 들춰보는 재미를 만끽하는 건 무한정 허용된다. 다만, 이 재미 속에서 몇 가지 규칙만 잊지 않으면 된다.

 우선 작품 속에서 조선통신사 행렬을 정시(正視)해서는 안 된다는 것. 마치 누에나방의 날개 위에 현란하게 그려진 부리부리한 눈의 무늬가 진짜 눈이 아니듯이, 역사라는 거대서사는 우리들의 삶을 밝혀주는 길라잡이가 아니다. 그것은 사시(斜視)

의 눈으로 언뜻 언뜻 보아야만 하는데, 그렇게 하지 않을 경우 지난 역사로부터 타자화되어 왔던 우리들의 삶의 흔적은 그 인장력에 이끌려 뒤틀리고 변형되어 그저 역사의 표지석이나 소금기둥으로 변해 버리기 십상이다. 작가 역시 이 사실은 매우 분명하고 구체적인 방식으로 제시한다. 일테면 근현대사의 삶의 풍경은 콜라주로 처리하여 깊은 밀도를 보여주고 있지만 조선통신사 행렬은 다만 여백 위의 낡은 이미지의 나열로만 처리하고 있는 것이 그 예일 수 있으며, 뿐만 아니라 작가는 조선통신사 행렬을 중심으로 작품을 상하로 거칠게 삼면 분할을 꾀하는 듯하지만 이러한 분할이 시공간적 해석의 동선이 되지 않도록 프레임을 활짝 열어놓아 대서사가 하나의 완결적이고 자족적인 형태가 되는 것을 애써 차단하고 있는 것 또한 그에 대한 예로서 충분하다. 그로 인해 이 작품 속에서는 역사라는 거대서사가 저만치 배면으로 밀려나게 되며, 부산이라는 공간의 의미생성에 그것은 다만 엷은 경계로서 에두르는 정도로만 머무를 수 있게 되었던 것이다.

두 번째 주의사항은 작가가 부산공간에 접근하기 위해 취했던 콜라주라는 작업 태도가 말해주듯—정크 아트(junk art)가 고전적 미감을 재현하는 데 무관심하듯 콜라주 역시 관객의 편안한 관람을 방해함으로써 불편한 각성을 촉구한다는 의미에서—다소 건방진 주문일 수는 있겠지만, 남의 낙서를 훔쳐볼 땐 아무쪼록 비평가의 시선을 버려야 한다는 사실이다. 비평(criterion)이란 마치 '프로크루스테스의 침대'처럼 외부의 척도로서 자신의 감각을 재단하는 것과 같아서 자신의 경험을 오히려 스스로 부인하도록 작용하는 일종의 오인 기제이기 쉬운 것이다. 근대화를 서구화로, 민주주의를 군사독재로 오인하도록 강요해 왔던 지난 역사 속에서 자기증식을 거듭해 왔던 상식적 비평이 대체로 그런 깊은 수렁을 숨겨놓고 있었던 탓이다. 그러므로 척도가 명백하지 않을 땐 자신의 감각이 선해질 때까지를 기다려 판단을 유예하는 것이 최선의 방법이다. 감각을 활짝 열고 작가가 포개놓은 이미지들을 따라, 혹은 이미지들 아래를 찬찬히 살펴보는 건 그런 의미에서 작품 이해에 큰 도움이 될 듯하다.

그러나 이미지 스스로가 시 '간'(時 '間')을 갖지 않는다는 사실은 상기해 둘 필요가 있다. 시간/이야기를 보고 만들기 위해서는 반드시 이미지들 '사이'를 읽어야 한다. 당연히, 모든 사이에는 '텅 빔'만이 있겠지만 그렇다고 '텅 빔'이 공허함을 뜻하지는 않는다. 모든 의미가 선험적으로 존재하는 것이 아니라면 경계가 필요하고 그 경계가 바로 이 이미지들 사이에 존재하는 텅 빈 여백일 것은 당연한 것이다. 그 때문에 텅 빈 여백이란 곧 모든 의미가 생성되고 발현되는 지점이라 하겠다. 그러므로 이 여백은 관객들에게 이미 주어져 있는 상식으로부터 메워져서는 안 되고 수 백 장의 이미지들이 내지르는 소리에 귀를 기울인 후 비로소 밝아오는 제 감각의 동적인 회환(回還)으로부터 메워져야 한다. 작품을 자세히 들여다보면 콜라주된 이미지들 사이사이에서 미세하거나 혹은 뻥 뚫린 여백을 두루 만날 수 있게 된다. 그곳은 이제 더 이상 이미지가 소실되는 지점이 아니라 하나의 이미지가 새로운 이미지를 만나 비로소 이야기가 가능해지는 하나의 출발점임에 틀림없다. 그렇다면 이 여백들이야말로 무의미한 각각의 이미지들을 비로소 의미로 견인하는 매우 동적인 대화적 계기라 할 수 있겠다.

사실상 콜라주 다발들 속에 숨겨진 작은 여백들뿐만 아니라 작품 전체 구도 위에서 조선통신사의 행렬 또한 여백이기는 마찬가지다. 조선통신사의 행렬이 하나의 띠를 형성함으로써 시각적으로는 단층화되어 있기는 하지만 거기에서 의미상의 위계를 전혀 발견할 수 없다는 사실로 미루어, 이것이 부산의 근현대사를 가로지르고 있는 일종의 균열처럼 이해되기 때문이다. 이는 작가가 부산의 근대화 과정을 이 균열로부터 바라보라는 권고의 형식으로 받아들여진다. 어쩌면 균열은 우리 몸에 난 상처가 아니라 자족적이어야 할 각각의 유기체들간의 틈새일지도 모를 일이다. 문제는 E. 그로츠의 표현처럼, 근대인들이란 자족적인 제 몸을 완결적인 것으로 받아들이지 못하고 자신의 사지가 절단되어 있다고 생각한다는 것이고, 그로써 절단되었다고 환각하는 제 몸의 일부분을 끊임없이 욕망하게 된다는 사실에 있다. 이러한 '환상사지'에의 욕망은 합리성을 궁극점으로 하는 근대사회가 우리에게 내민 선악과를 반성 없이 받아먹은 대가로 주어진 것이다.

그런 의미에서 부산의 근대화 과정이란 부산이라는 지역의 공간적 자율성이 소멸되어 가는 과정과 그 궤를 같이한다 해도 지나친 표현이 되지 않는다. 예컨대 일제에 의해 설치된 경부선이나 관부연락선 같은 것은 하나의 좋은 사례이다. 근대적 상징물로서의 이들은 편이성으로서의 순기능뿐만 아니라 공간의 균질화라는 역기능 또한 동시에 갖고 있다. 말하자면 이러한 문명, 혹은 제도의 도입은 지금까지 제 스스로 존재해 오던 부산이라는 지역적 공간의 의미를 근본적으로 변형시키는데, 이는 공간적 압축이 부산의 자족적인 틀을 와해시켜 경부선의 중심(서울)과 관부연락선의 중심(시모노세키 혹은 식민모국) 속으로 부산을 편입시켜 버리기 때문이다. 이 순간 부산은 더 이상 자족적 공간이 아니라 다만 대타적 존재가 되어 부산이 주체가 되는 이야기 생성 방식은 불가능하게 되는 것이다.

이러한 일련의 과정은 일제강점기뿐만 아니라 해방 후 산업화 과정에서도 그대로 이어졌는데, 산업의 합리성을 도모하기 위해 강행된 몇 차례에 걸친 '국토개발계획'이 부산과 대구를 경공업지구로, 울산과 포항, 인천을 기간산업중심지구로 구획하는 따위의 일련의 포디즘식 기획이 그런 것이다. 이러한 지역분할은 국가적/식민모국적 차원에서는 분명 합리적이겠지만 대신 그 지역들로서는 주어진 산업 이외의 분야에 대한 대타 의존도를 점점 높여가야 한다는 것을 뜻하고, 또한 지역적 자율성이 상실됨으로써 더 자유롭게 스며들어온 국가권력이 우리의 일상을 포획해 버린다 해도 이를 막을 방법 또한 없어져 버린다는 사실을 의미하는 것이다. 이것이 바로 디스토피아라 할 것이며, 이 순간 환상사지는 발생한다. 제 몸을 국가라는 상상적 유기체로 대체했기 때문에 더 이상 회복 불가능해져 버린 자율적인 삶에의 꿈을, 오히려 부재하는/부재할 수밖에 없는 권력을 욕망하는 것으로 되찾으려는 근대인의 이 절망적인 몸짓이야말로 애초에 없었던 사지를 그리워하는 '환상사지'가 아니겠는가.

이 전시가 부산의 시공간적 의미를 콜라주로 접근한 것은 환상사지로부터 자유롭지 못한 우리들에게 각별한 의미를 제공한다. 우선 콜라주는 거대한 상상적 유기체를 욕망하지 않는다. 다만 각각의 몸들로 구성된 이미지가 또 다른 이미지를 불러오는, 일종의 포토몽타주(photo montage)를 꿈꾸는 상호주관성만이 약동할 뿐이다. 뿐만 아니라 그렇게 중첩되고 병렬된 이미지는 공간의 균질성에 맞서 여러 개의 겹을 만듦으로써 전일적인 역사가 아니라 지역의 기억을 보존하는 무수히 작은 구멍을 만들고 있다. 그 구멍 속에는 학창시절 몇 년을 오르내렸던 전포동의 좁은 등굣길과 강제 이주 당한 용호동 친구네 마을 어귀와, 그리고 몰려간 친구들을 받아줄 방이 없어 기어들어간 용호동 천주교 묘원, 그 빛나던 새벽 별빛들이 고스란히 숨어들어 있다. 숨어들어 있다 함은 개인들의 사사로운 기억들이 몽땅 역사로 환원되지 않는다는 사실, 그 이상을 의미하지는 않는다. 그러나 그것만으로도 충분한 것이다. 공간은 기억을 감싸안고 우리는 그 기억들로부터 스스로의 존재감을 얻게 되기 때문이다. 그러므로 콜라주는 작가가 작업을 위해 선택 가능한 하나의 기법이 아니라 근대사회, 그것도 균질화된 근대적 공간의 주변부, 부산의 훼손된 인간관계를 회복하기 위한 필연적이며 본질적인 형식이다.

2008년 가을, 기장군 정관

내비게이터 속에서 길을 잃다

일전에 나는 아주 특이한 경험을 했다. 문학기행 차 남원을 가게 되었는데, 일행보다 늦게 도착했던 터여서 일행들이 묵고 있는 숙소를 어렵게 찾아가야 했었다. 숙소는 말만 남원일 뿐 지리산 자락 깊이 숨어 있어, 미리 준비해 간 약도와 드문드문 나오는 이정표만으로는 짙은 어둠을 물리치기가 여간 곤혹스럽지 않았다. 그러던 차에 마침 함께 간 동료의 승용차에 GPS 정보를 제공해 주는 내비게이터가 부착되어 있어 그 깊은 골짜기까지 단번에 당도하는 편리함을 맛보았다. 근자에 들어 내남없이 이 기능을 사용하고 있는 터에 새삼스러운 감탄이야 촌놈임네 드러내는 것에 불과하겠지만, 그렇다 하더라도 그날 내가 받았던 충격은 충분히 대단한 것이었다.

충격은 문명의 이기가 주는 그 달콤한 편리함 때문은 아니었다. 아니 이 말은 거짓이다. 정직하게 말하면, 충격의 정체는 이 편리함이 너무 엄청난 것이어서 이를 받아들일 때 지불해야 할 대가가 무엇인지를 알면서도 도저히 거부할 수 없을 것 같은 두려움이었다. 세상의 도로는 점점 복잡해지고 있어, 안다고 생각하며 찾아간 도로 위에서도 번번이 길을 잃고 마는 것이 요즘의 우리들이다. 이렇듯 모든 사람들을 '길치'로 만드는 세상에서 내비게이터는 정말 요긴한 물건이다. 목적지까지의 도로 안내는 물론, 주행속도를 알려주고, 감시카메라에 대한 경고 메시지를 보내주며 심지어는 도로의 통행량까지 영상정보로 제공해 주는 게 이 물건이다. 그러니 시간이 곧 돈인 세상에서 이를 거부할 재간이 있을까.

더 나아가 지금이야 내비게이션이 운전의 보조 수단에 불과하지만, 앞으로 이 기계에 대한 의존이 확대된다면, 지금처럼 손바닥만한 LCD로는 시선 처리도 불편하고 정보처리 능력도 제한되어 있어 인터페이스의 위치가 차량의 전면 창으로 옮겨가는 것은 자연스러울 터, 이쯤 되면 내비게이션의 기능은 보조적인 것이 아니라 운전이라는 행위 자체를 대체하기에 이를 것이다(이에 대한 보다 구체적인 상상은 톰 크루즈가 열연했던 영화, 〈마이너리티 리포트〉를 참조하라). 사실상 정보가 수신되는 LCD를 보면서 운전하는 일은 여간 불편하지 않는데, 이 불편을 해소하는 가장 확실한 방식은 수신창을 따로 설치할 필요 없이 운전 중의 운전자의 시각 정보와 동일한 정보를 GPS를 이용해 차의 전면 유리창 위에 그대로 (겹쳐) 표시해 주는 방법이다. 일부 고급 차종은 지금도 이를 부분적으로 실현하고 있는데, 이러한 방식은 현재의 급진전되고 있는 위성통신 기술과, 계속 축적되고 있는 이미지 정보, 그리고 고도로 첨단화되고 있는 승용차 주변기기들의 기술적 호환성까지 더해진다면 곧 상용화도 가능함 전망이다. 007 영화 속의 제임스 본드나 누릴 법한 호사를 머지않은 미래에 평범한 서민들, 혹은 시각장애인들까지 단돈 몇 천원 혹은 몇 만원의 정보 이용료만으로도 쉽게 누리게 되는 것이다! 바로 이 순간 정통부가 예언한 유비쿼터스 환경, 혹은 매트릭스의 세계는 완벽히 제 꼴을 갖추게 된다. e편한 세상, What A Wonderful World!

하지만 우리는 알고 있다. 이 기능에 의존하는 순간, 길을 찾아주는 이 기계로 인해 역설적이게도 우리는 '길'을 잃고 말 것이라는 걸. 내비게이터를 작동하는 순간 우리는 능동적 행위자에서 수동적 수신자로 전락하게 된다(이나마 기술이 발달하면 운전을 위해 GPS정보를 수신할 필요조차 없어진다. 비행기의 자동항법장치처럼 승용차도 운전자의 개입 없이 제 스스로 정보를 따라 알아서 갈 테니까). 뿐만 아니라 길 찾는 짜증과 고통을 해소해 주는 이 기계 덕에 우리는 특정 공간에 대한 유의미한 정보의 축적은 물론 어떠한 장소감도 획득하기 어려울 것이다. 매번 가는 길조차 늘 초행일 따름이며, 그리고 무엇보다 실물과의 접촉이 절단되어 버림으로써 이 장치는 운전자를 실물로부터 지도를 그릴 수 있도록 돕는 것이 아니라 오히려 거꾸로 지도로부터 현실을 기입하도록 만든다. 이 지점에서 현실은 실재를 전혀 반영하지 않게 된다.

　이야기가 너무 멀리 나아갔다고 생각할지 모르지만 전혀 그렇지 않다. 우리의 현실은 테크놀로지와 인간 사이의 문제를 정말 심각하게 고민해야 할 시점에까지 와 있다. 그리고 이 고민은 반드시 장소와 공간의 문제로 제기된다. 장소와 공간이야말로 인간의 지각이 활성화되어 경험이 제공되는 거의 유일한 지점이고, 이를 통해서만 주체로서의 인간이 존립 가능하기 때문이다. 사실상 인간이 스스로를 '나'라고 지칭할 때, 이 '나'는 기억에 의해 보장되는 과거와 현재의 일체감(identify) 그 이상도 이하도 아니다. 정체성이란 뜻을 가진 'identity'가 '나'를 구성하는 중요한 표식이 될 수 있는 것도 이 때문이다. 하지만 테크놀로지가 매개자의 역할을 버리고 현실에 개입하는 정도가, 세계에 대한 인간의 능동성을 임계점까지 몰고 가는 순간이 온다면, 인간의 기억이란 것 자체는 매우 위험한 지경에 빠진다. 공간에 대한 우리의 기억을 늘 '초기화'하는 내비게이션이야말로 이를 증명하는 단적인 예이고, 요즘 젊은 이들의 현저히 저하된 공간 감각도 바로 이러한 문제로부터 연유하고 있다.

　많은 사람들이 흔히 이야기하듯, 실제로 중·장년층에 비해 이들의 공간 지각능력은 현저히 약화된 게 사실이다. 예전에 비해 훨씬 많은 여행경험이 제공되고 있음에도 불구하고 이 세대들은 세계지도는커녕 한국지도조차 제대로 그리지 못할뿐더러 주요 하천과 산, 제가 사는 땅을 지도 위에 기입하는 것조차 서툴기 짝이 없다. 이 말은 그들이 외부와 타자를 자각하는 능력이 상대적으로 결여되어 있다는 뜻이고, 달리 표현하면 '나'와 '너'의 차이, 혹은 '장소'와 '공간'의 차이를 통해 세상을 대면하지 않는다는 뜻이다. 차이가 지각되지 않는 균질적인 세계에서 그들이 테크놀로지에 힘입어 세상의 주인공이 되는 것은 아주 쉬워졌지만(예전에 모 휴대폰 광고의 카피가 바로 "세상을 내 손 안에"였다. 거듭 강조하건대 이런 모바일 기기들이 장소감을 박탈하는 원흉임에 분명하지만 이들은 거듭되는 진화를 통해 세상과 사용자간의 실존적 거리를 완전히 삭제하는 기술 또한 동시에 발전시킴으로써 사용자에게 어떤 곳이든 제한 없이 접속할 수 있다는 환상을 제공한다. 매트릭스의 이 놀라운 사기술!), 이 결과가 균질화된 세계를 담보로 주어진 것이기에 '나'의 이야기와 '너'의 이야기는 이미-항상 같다. 이러한 세상에서 '나'의 기억은 결코 생성되지 못한다. 차이에 의해서만 이야기는 생성되고, 이 이야기-경험을 통해서만 과거의 기억은 현재의 나를 미래로 나아가도록 추동할 수 있기 때문이다.

차이에 기초한 이야기를 생성하지 못하게 될 때 우리는 이미 '제공된' 이야기의 소비 기계로 쉽게 전락한다. 시인 황지우는 이미 오래 전 「새들도 세상을 뜨는구나」라는 시에서 이를 매우 냉소적으로 표현한 바 있다. 이 시는 영화관이라는 공공장소와 영화가 부추기는 사적 욕망을 상호 충돌시키면서 이들간의 담론적 지위를 꼬집고 있다. 예컨대 성과 같은 사적 욕망은 그 행위 자체의 부도덕성 때문이 아니라 공적 영역의 도구적 합리성을 강화하는 과정에서 제한적으로 금기시되는 것이다. 이 때문에 금기의 선은 그 모호한 형식(이중적 규범)으로 말미암아 항상 일탈적 에너지로 팽팽히 부풀어 있기 마련이다. 항상 그렇듯이 이데올로기는 이 금기를 사수하는 최후의 방어선이고, 이는 또한 '의례'라는 형식으로 구체화되며, 그럼으로써 금기의 불합리성은 물질적으로 재현된다. 이 시가 잘 보여주듯, 영화관의 의례는 '애국가'의 화려강산을 먼저 보여주고, 그것을 '대한뉴스'를 통해 구체화시킨 후, 영화를 상영하는 것이다. 그것이 포르노가 되었든, 이소룡이 나오는 중국 액션이 되었든 우리의 사적 욕망은 그야말로 아무런 제약 없이 자신의 몸과 세계로부터 이야기를 만들어 낼 수 있는 것이 아니라 욕망조차 기립하여 올려붙인 왼쪽 가슴의 뜨거운 국민주체로서의 체온 내에서만 겨우 자유로울 수 있으며, 이러한 형식을 통해 우리는 다시 국민으로 재생되는 것이다. 이것이 오늘날 이야기 소비 기계들의 운명이다.

사실상 운명의 지침들은 영화관에만 있는 것이 아니라 도시 전역에 마치 거미줄처럼 편재되어 있다. 일상과 전혀 무관해 보이는 도시 내 기념조형물은 우리의 작은 기억을 역사라는 큰 기억 속으로 내몰고 있고, 이와 달리 일상적 의례들은 매우 미시적인 방식으로 우리의 삶을 동일하게 주조하고 있으며, 그리고 이 둘 사이의 간극들은 테크놀로지를 통해 매개됨으로써, 이 모든 통제장치들은 우리의 삶을 일정한 곳으로 방향지우는 데 성공한다. 물론 테크놀로지의 엄청난 진보로 인해 통제장치 또

힌 동시에 진화함으로써 미시서사의 소기 과정과 그 형태가 예전 같지는 않지만(탈근대사회로의 진입 이후 시민/국민을 역사나 민족과 같은 거대서사로 일자화하려는 노력은 훨씬 줄어들었다), 오히려 그 때문에 무장소성과 무시간성의 판타지에 우리는 더 쉽게 현혹된다. 대중적으로 인기를 끄는 거의 모든 서사물들, 일테면 영화 〈반지의 제왕〉, 만화 〈드래곤 볼〉, 게임 〈리니지〉, 그리고 판타지 소설 〈해리 포터〉 등의 배경이 무장소성, 무시간성을 특징적으로 드러내는 건 이와 전혀 무관하지 않다.

이 지점에서 워쇼스키 형제(형인 래리가 성전환을 했으니 이젠 워쇼스키 자매!)가 만든 〈매트릭스〉의 한 장면이 떠오르는 건 지극히 자연스럽다. 이 작품에서 인간의 삶은 허구적으로 구축된 완벽한 구조물의 일부분에 지나지 않는다. 이 말은 더 이상 인간이 꿈을 꿀 수 없다는 뜻이 아니라 인간이 스스로 창조하고 있다고 믿는 꿈과 그 탈주조차 구조물(매트릭스)을 구성하는 프로그램의 일부일 뿐이라는 것. 게다가 이 꿈과 탈주조차 생의 간식으로 프로그램에 의해 제공된다는 것을 의미한다. 매트릭스의 이 고마운 배려는 익히 오래 전부터 진행되어 왔던 것이기도 하다. 아담 스미스가 믿었던 시장 메커니즘과 벤담의 공리주의에서부터 현재의 유전공학과 사이버네틱스에 이르기까지, 인간 너머에 있는, 그러나 인간의 자유의지 따위완 무관한 이 매트릭스 구조학들은 인간의 복지를 논하는 한편으로 인간을 사육의 대상으로 상상한다. 영화 〈매트릭스〉는 이것의 최종적 버전을 현재로선 가장 완벽하게 재현해 내고 있다. 주인공 앤더슨을 네오로 만들기 위해 찾아간 실재의 공간에서 우리가 맞닥뜨리게 되는 현실은, 참담하다 못해 심장이 멎을 정도이다. 부양기 속에서 사육되고 있는 인간의 몸과, 꿈꾸게 함으로써 살아내는 인간들의 몸으로부터 생산되는 전기에너지, 그리고 무엇보다 통제장치의 그 완벽함!

그러므로 이제 우리에게 남은 일은 어쩌면 미래를 향해 나아가거나 꿈꾸는 것이 아니라 우리의 몸 깊숙이 장착된 네트워크 기기와 그로부터 생성되는 욕망을 걷어내는 것만이 거의 유일한 것일지도 모르겠다. 현재의 이 비틀린 우리의 삶을, 정직하게 바라보고 싶다면.

하나 같이 똑같은 박물관

우리에게 박물관은 심리적으로도 공간적으로도 너무 멀리 있다. 가끔 볕 좋은 계절에 바람난 가슴을 가누기 위해서가 아니라면, 수려한 목련과 장대한 낙우송, 그리고 노랗게 물든 은행나무의 멋진 가로와 담장, 그 너머로 쉽게 시선이 가 머물지 못한다. 그것은 아마도 국립이니 시립이니 하는 이름의 문화기구들이 보여왔던 해방 후 60여 년 동안의 그 거만한 계몽적 태도가 대중들의 무의식에 작용한 탓일 것이다. 상전이 종놈 대하듯 혹은 초등학교 선생님이 어린 학동들을 길들이듯, '이런 건 꼭 알아야만 해', 혹은 '이런 걸 몰라서는 시민이라고 할 수 없어' 따위의 고압적인 화법이 전부였으니, 제 주머니 털어 만든 셈치고는 이런 처사에 배알이 틀리지 않는 게 오히려 이상할 노릇이다. 그리고 이건 내 경험인데, 이 고압적인 화법에 반항이란 걸 꿈도 꾸지 못했던 나조차도 올바른 시민이 되기 위해 받아들인 지식과 교양이 오히려 이런 지식에 무지한 부모님과의 대화를 점차 가로막고 있다는 역설 앞에서 늘 혼란스러워야 했다. 시민은 그저 되는 것이 아닌 모양이다. 남을 속인 적도 게으름을 피운 적도 없는, 아니 오히려 너무 선량해서 너무 부지런해서 늘 세상으로부터 업신여김을 받아왔던 내 부모를 또다시 시민의 범주 밖으로 내모는 이 배제의 지식은 어디서 온 것이고, 또 그것은 어떻게 제 스스로 살찌워 가는 것일까.

    이 궁금증을 풀기 위해 박물관 내에 전시된 유물 하나하나를 꼼꼼히 살피는 것은 도대체 도움이 되지 않는다. 오히려 이에 대한 답은 박물관의 공간 배치가 그 무엇보다 분명하게 제공해 준다. 지하철로는 너무 멀고, 버스조차 드문 그곳, 부산시 남구 대연4동 '부산광역시립박물관'을 찾을 때, 우리를 맞아들이는 건 박물관이 아니다. 맨 처음 우리의 시선을 붙잡는 건 오히려 '한국전쟁 참전기념탑'(일명 'UN묘지 기념탑')이거나 언덕 위의 '부산문화회관'이거나 그것도 아니라면 '재한UN기념공원'(일명 '유엔공원')이다. 말하자면 박물관은 이 기념공간들의 한가운데에 위치해 있고, 박물관의 의미는 이것들의 총합으로부터 울려나오고 있는 셈이다. 혼자의 목소리로는 욕망하는 제 자신의 권위를 보장받기 어려울 때, 이들은 서로의 권위에 기댐으로써 무소부재의 힘을 발휘해 왔던 것이다.

현재 UN기념공원국제관리위원회에 의해 관리되고 있는 '재한UN기념공원'은 한국전쟁이 발발한 이듬해인 1951년, 한국전쟁에 참전했다가 전사, 각 지역에 흩어져 있던 21개국 전사자들의 묘지를 한 곳으로 모으기 위해 조성되었고, '한국전쟁 참전기념탑'은 1975년, 잊혀져 가고 있던 이들의 희생을 다시 기리고자 공원의 진입로에 세워진 것이며(그 이후 이 지역에 여러 기념공간들이 들어서면서 진입로로서의 흔적은 사라졌지만), '부산문화회관'은 동구 범일동 소재의 '시민회관'만으로는 시민의 문화욕구를 만족시키기에 지나치게 협소하다고 판단해 1985년에 새롭게 개관한 것이다. 그리고 박물관은 1978년, 급격하게 증가하고 있던 부산유입인구의 교육적 효과를 증진시키기 위해 개관되었다. 이 각각의 기념·문화공간들의 설립은 한국전쟁과 전후 산업화 이후 경제·정치적으로 점차 중요해지고 있던 부산의 거대도시로서의 입지 변화와 그에 따른 문화적 요구를 잘 반영하고 있다. 그러나 이러한 일반론이 이 기념공간들의 설립시기와, 이들이 하나의 권역을 형성하면서 집합적으로 조성되어야 했던 이유를 설명해 주는 것은 아니다.

이 각각의 공간들은 매우 특별한 시기에 특별한 임무를 띠고 탄생된 것들이다. 예컨대 '재한UN기념공원'은 한국전쟁 당시 부산의 임시수도로서의 지위를 반영하고 있고, '한국전쟁 참전기념탑'과 '박물관'은 그악스러웠던 유신체제의 군사문화와 전혀 무관하지 않으며, '부산문화회관'은 80년대 이후의 왜곡된 '문화정치'를 반영하고 있다('부산문화회관'이 설립될 당시 그것이 '노동회관'으로 명명되었음을 상기해 보라). 이들은 부산시민들의 요구에 의해 설립된 것이 아니라 부산의 노동대중들을 특별한 정치적 목적으로 계도하기 위해, 그리고 그러한 대중들만을 '국민'과 '시민'이라는 정치적 주체로 호명하기 위해, 필요할 때마다 하나씩 세워졌던 것이고, 이렇듯 대중의 일상과 동떨어진 시설물인 만큼 이들은 독립된 하나하나가 아니라 집합적으로 조성됨으로써 스스로의 빈약한 입지를 만회하고자 했던 것이다. 그리고 이 중 박물관은 다른 문화시설물과는 이데올로기 파급력에서 비할 바 없는 기능을 발휘한다. 직접적이기보다는 은밀하게, 그리고 구체적인 방식이 아니라 추상화된 방식으로, 박물관은, 해방 후 지금까지의 정치주체들의 정치적 요구에 순응하며, 혹은 그 정치적 의도에 합리적인 논리를 구성하는 것으로, 이데올로기 기구로서의 입지를 다져왔다.

상식적으로 박물관의 설립 목적은 크게 두 가지다. 하나는 보존의 기능으로서 이 땅의 역사를 구성하기 위해 필요한 사적을 한곳에 모아 보관하는 일이고, 또 하나는 지역 주민들에게 이 역사적 유물을 시각화함으로써 이들로 하여금 자신이 살아가고 있는 현재의 역사적 의미를 재구성하도록 특정 논리를 제공하는 전시의 기능이 그것이다. 그러나 부산시립박물관의 경우, 이웃해 있는 경주·김해·진주 등에 비해 이 지역이 갖는 역사적 의미가 일천하여 보존할 만한 사료와 유물이 빈약할 수밖에 없다는 사실은, 이 두 기능 중 특히 후자에 더 큰 목적을 띠고 설립되었음을 은연중에 시사한다.■■ 전술되었다시피 부산시립박물관은 유신체제의 막바지였던 1978년에 개관되었는데, 70년대 후반이면, 부산은 이미 인구 300만 명에 육박하는 거대도시로 변해 있었고, 경제개발5개년계획의 최종목표를 향해 선두주자로서 내달리고 있었음에 비해 60년대부터 가속화되기 시작한 도시 유입 인구를 시민적 주체로 전환시키기

■■ _ 경주국립박물관은 일제강점기에 일본의 제국주의사를 제도화하기 위해 세운 총독부박물관 이하 5개의 박물관 중 하나로 1913년 개관한 것이고, 진주국립박물관은 1984년 이 일대의 청동기유물과 가야유물을 보존·전시하기 위해 1984년에 개관한 것이며, 김해국립박물관은 1998년 가야문화권을 집대성함과 동시에 고고학박물관으로 특화한다는 목적을 띠고 설립된 것이다. 이들이, 바로 그곳에 세워질 수밖에 없는 나름의 분명한 명분을 띠고 있음에 비해 부산시립박물관은 그 역사적 명분이 매우 빈약할뿐 아니라, 그럼에도 상대적으로 이들에 비해 더 이른 시기에 개관되었다는 사실은 모종의 정치적 의도를 짐작케 한다. 게다가 이 정치적 의도는 정권 교체기마다 쉽게 변질되는 것이어서 부산시립박물관은 개관 이후 30년이 지나도록 시립박물관으로서의 지위를 벗어나지 못하고 있다.

위한 교육 프로그램이 거의 전무했던 데 따른 것이다. 당시 새마을운동이 국민 개조 운동의 일환으로 확산되고는 있었지만, 이것이 기왕의 정치적 동원체제를 강화하는 데는 기여를 했을지라도, 보다 근본적인, 국민들의 자발적인 일체감, 즉 내발적인 이데올로기로 이어지긴 역부족이었던 것이고, 그 때문에 날로 심화되어 가고 있던 계급 갈등과 지역갈등 등의 국민적 분열을 막기 위한 보다 근본적인 국민 주체 육성책이 요구되었던 것이다.

시골에서 농사짓던 김서방이 자식들의 더 나은 교육 기회와 경제적 풍요를 꿈꾸며 도시로 이주하는 건 쉽지만, 그리고 인구집약적 산업이 주종을 이루던 부산 바닥에서 일개 단순 노동자가 되는 일은 그리 어렵지 않았겠지만, 국민이 되는 건 지난한 일임에 분명하다. 국민이 된다는 것은, 생계를 유지하는 일을 넘어 이 생계를 사회공동체와 연결하는 일이고 또한 시간을 가로질러 자신의 현재 위치를 먼 조상으로부터 부여받는 일을 뜻한다. 흔히 혈연공동체니 언어공동체니 하는 멋진 수사가 표방하는 바가 바로 그것인데, 이렇게 함으로써 그들은 개개인의 이익에 우선하는 공동의 선을 자각하고 이에 복무해야 할 의무와 희생정신을 습득할 수 있게 되는 것이다. 그러므로 문제는 이들 노동대중들이 국민이 되는 일이 얼마나 어려우냐가 아니라, 어떤 국민이 되느냐이다.

사실상 70년대 후반까지 대도시로 이주했던 그 많은 김서방들에게, 이농의 의미는 지금까지 종사해 왔던 생계수단을 바꾼다는 단순한 사실을 뛰어넘는다. 그보다는 수 백 년을 이어왔던 전통적 삶의 양식을 포기한다는 것, 그리고 삶의 굴곡에서 반드시 치러야 할 일상적 대소사를 기왕의 공동체로부터 유리된 채 홀로 행해야 한다는 것을 뜻했다. 그러므로 박물관은 바로 이 찢어진 사회적 관계망을 파고들어 혈연과 지역중심적이었던 과거의 전통적 관계망과는 완전히 다른, 노동효율성과 국가가 중심이 되는 사회관계망으로 이들을 재편하는 기능을 수행한다고 할 수 있다. 농본위의 생래적 공동체를 떠나는 순간 자신의 정체성을 망실해 버린 이들에게 제공되는 국가와 민족이라는 허구적인 계기들이야말로 고립되고 단자화된 대중들의 일상적 노동에 대한 훌륭한 명분이 되기에 부족함이 없었고, 그러기에 이들은 더 적극적으로 전통적 가치와 양식으로부터 멀어지려 함으로써 새로운 국민으로 거듭나고자 했던 것이다.

　물론 박물관만으로 이 엄청난 과업이 모두 달성되는 것은 아니다. 이 과업 중 일상적이고 실천적인 수행은 국민 개조운동으로서의 새마을운동의 몫이었던 건 분명하다. 그러나 일상적 실천만으로는 그 한계가 분명할 터, 마치 잔소리하는 어머니 뒤에 동의하는 아버지의 침묵이 필요하듯, 박물관은 지시하기보다는 암시하고, 노동 자체에 관여하기보다는 노동의 배치에 개입한다. 다시 말해 박물관은 침묵함으로써 말하고, 그저 제 자신의 자리를 지키고 있는 것으로써 노동대중들의 텅 빈 주체성에 응답하는 존재이다. 그러므로 박물관은 그 내부로부터 의미가 표출되어 나오는 곳이 아니라 성상의 후광처럼 오로지 아우라로서만 빛나며, 또 그것으로 충분할 것이다.■■

　부산시립박물관이 남구 대연동에 자리잡았던 것은 이러한 기대를 실현시키기 위한 의도가 분명히 작용한 결과이다. 분단 상황을 정치적으로 이용한 군사정권답게 전쟁의 이미지를 자유와 평화라는 매우 역설적인 아이콘으로 구현한 'UN묘지'(현재 공식명칭, 'UN기념공원')와 나란히 등을 맞댄 장소야말로 박물관이 들어서기엔 최적의 공간이었다. 모든 중앙 및 지방박물관의 기본적 배치원칙이, 군사력으로 삼국을 통일한 통일신라를 정점에 놓고 이후 고려와 조선을 몰락의 왕조로서 일제강점기와 연속선상에 둠으로써 군사정권의 정치적 입지를 정당화하도록 구현되어 왔던 것을 기억한다면, UN묘지와 박물관의 이 등가적 구성은 하등 이상할 것이 없다. 그러므로 누군가가 박물관에 발을 들여놓는다면, 자연스럽게 '한국전쟁 참전 기념탑'(일명 'UN묘지 기념탑')의 거대한 조형물과 마주 서야하고, 넓게 펼쳐진, 전쟁으로 목

■■　항용 민족주의를 이차적 이데올로기라고 하는데, 이는 이데올로기로서의 민족주의가 자기 완결적 논리 구조를 갖추지 못하기 때문이다. 민족주의는 그 자체로서 사회변혁이나 정치적 행위의 지침을 제공하지 못한다. 따라서 그 자체로서 불완전한 민족주의는 흔히 다른 사회 이데올로기와 결합되어 나타나야 하고, 또한 이를 물리적으로 확정지을 제도적 장치와 함께 작동해야 하는 것이다. 정치담당자들에게 박물관이 요긴했던 것은 바로 이러한 이유에서이다. 분단을 이용한 공안정국과 민족개조를 획책한 새마을운동이 민족주의를 한껏 고조시키기는 했지만, 다만 일시적이었을 뿐 근원적 해법일 수 없었을 때, 박물관의 교육적 효과는 국민적 주체를 자발적으로 생성시키는 유효한 장치로서 기대되었던 것이다.

숨을 잃은 외국병사들의 무수한 묘비를 곁눈질함으로써만 관람이 허용된다. 박물관의 설립목적에 명시된 '교육'의 구체적인 의미란 바로 이것이고, 이 의례행위로부터 평범한 관람객은 국민으로 거듭난다.

그러므로 박물관의 위압적인 정문과 건물의 배치는 이러한 의도와 전혀 무관할 수 없다. 대문을 들어서면 우리는 '부산박물관'이라는 현판이 붙은 본관을 만나지만, 그것이 큼지막한 포석이 길고 넓게 깔린 진입로 저 너머에 멀찌감치 물러나 있음을 본다. 전시를 보고자 하는 욕구는 이렇게 지연되고, 관람 행위 자체의 의도는 이렇게 계속 수정되는 것이다.

그 때문에 관람객은 전시관으로 바로 들어가지 못한다. 그 대신 관람객은 진입로 양측으로 사열하듯 서 있는 각종 조형물들, 즉 삼층석탑, 사리탑, 동래남문비, 척화비 등을 다소 지루하게 차례차례 지나쳐야 한다. 물론 이들 조형물들은 그 자체로는 아무런 의미상의 연관도 없지만, 여기에서 요구되는 것은 이들 간의 역사적 관계가 아니라 이것들을 바라보면서 생성될 '질문하는 주체'이다. '저 탑은 왜 깨어져 있는가?' 혹은 '척화비의 몇몇 글자는 왜 의도적으로 지워진 것처럼 보이는 것일까?' 등등의 질문이 관람객의 내부로부터 밀려나올 때, 그리고 삼층석탑에 대해 어떤 지식도 없으며 척화비의 비문을 단 한 자도 읽지 못해도 무방한, 뜻 모를 질문이 흘러나올 때, 관람객은 이제 질문하는 행위 바로 그것으로 인해 '나'라는 주체를 역사적 유물들과의 관계 속에서 획득하게 된다.

미술관/박물관의 사회적 의미를 고찰해 온 캐롤 던컨에 의하면, 미술관/박물관과 연결된 공간, 전시물의 배치와 조명, 그리고 건축적 세부장식들은 마치 중세시대의 순례자들이 그리스도의 삶의 표상들을 뒤따라가듯 관람객들로 하여금 이미 구성되어 있는 서사의 길을 그대로 따르도록 제공된다고 주장한다. 이러한 주장의 이면에는 근대의 세속적 문화가 이미 전통적 의례와 관습을 대체했다고 믿는 대중들의 어리석은 믿음을 비판하려는 의도가 깊이 내포되어 있다. 말하자면 근대화를 촉구하던 새마을운동이 우리의 전통적 의례와 관습을 모조리 미신으로 몰아갔음에도 불구하고, 오히려 가장 완벽히 과학적임을 표방하고 있는 박물관이 낡은 전통적 의례에 의존하고 있는 논리적 모순을 지적하고 있는 것이다. 모든 낡은 것을 버리라고 강요했지만, 그래서 국민들은 자신의 과거와 완전히 절연했지만, 진정 국가와 민족을 상상하는 방식에 있어서는 여전히 전통적 의례에 의존토록 함으로써, 이들은 국민을 개인에 바탕을 둔 시민으로 탄생하는 계기를 가로막는 대신 예전의 주종적 사회관계에 바탕을 둔 종속적 존재로 국민을 재생산했던 것이다. 이는 전시관에 들어서려는 순간, 왼편에 서 있는 수직상승감이 고조된 '부산시민상' 브론즈에 의해 보다 구체화되며, 한껏 높여져 있는 건물의 기단 때문에 평지임에도 대리석 계단을 불편하게 올라야 비로소 전시관의 입구에 가 닿을 수 있도록 만든 설계의 의도에서 보다 명시적으로 제시되고 있다.

그리고 이 일련의 주체구성 효과는 전시관에 들어선 후 완벽히 실현된다. 긴 통로를 따라 전체적으로 낮은 조도와 차가운 표면의 질감은 관람객이 내는 작은 소음들 하나하나까지 고스란히 관람객 자신에게로 되돌려준다. 정숙하게, 관람객 자신의 모든 감각을 차단함으로써만 비로소 유리관 속의 전시유물들은 빛이 나고, 이렇게 관람객의 개체적 발화는 모두 소거된다. 이것이 전제적인 박물관이 우리에게 요구하는 최종적인 의례이다. 그러므로 이 의례를 성공적으로 수행한다는 건 관람객이 자신의 일상성을 증발시키고 이미 배치된 서사의 길을 따른다는 것을 의미한다. 한갓 비천한 돌조각과 깨어진 토기조각을 지나치면서도 관람객이 그것들이 평범하거나 비천하지 않다는 것을 배우게 된다면, 이는 분명 역사를 추론하여 저 숭고한 유물들로부터 자신의 민족적 좌표를 찾았음을 뜻하는 것이리라.

박물관의 시간은 언제나 일직선으로만 내닫는다. 전시된 유물이 과거의 삶의 형태를 구체적으로 제시하면 할수록 이러한 시간관은 강화된다.■■ 이러한 시간관 속에서는 나의 일상적 현실은 순식간에 증발할 뿐만 아니라 민족과 국가에 대한 그 어떤

■■ _ 박물관이라는 매트릭스를 작동시키는 것은 유물들 하나하나들이 아니라 차이를 생성해 낼 수 있는 기호 '들'이며 그들 간의 관계이다. 때문에 관람객들은 하나의 유물만을 보고 돌아가는 것이 아니라 유물 '들'을 보고가야 하며, 이것이 곧 모든 전시관이 일렬로 병렬화되는 형식을 취하는 이유이다.

생산적인 비판도 거부된다. 그러므로 박물관을 빠져나올 때 우리는 늘 공허하다. 키다리아저씨가 제 삶의 논리로 아이라는 현재를 밀어낼 때, 꽃은 피되 새는 날아오지 않고, 그렇게 여문 열매로는 미래를 수확할 수 없다는 것을 잘 알고 있기 때문이다.

2005년 가을, 부전동 공구상가

오로지 검은 승용차뿐

　퇴근길에 나는 시립미술관 뒷길에서 좌회전 신호를 기다려 아파트 외곽도로로 진입한다. 그런데 좌회전이 허용되는 차선은 둘인데, 외곽도로의 진입로는 오직 한 차선뿐이어서 좌회전 후 진입로까지의 약 30M 구간은 두 차선에서 한꺼번에 밀려든 차량들로 인해 질서를 찾는 데 상호간의 양보를 필요로 한다. 항상 그렇지만 이런 환경이야말로 얌체족들의 생존본능이 빛을 발하는 최적지가 아닌가. 대부분의 차량들이 일렬로 서기 위해 제 순서를 기다리고 있을 때 이들은 도리어 옆 차선을 빠른 속도로 질주하여 재빠르게 끼어든다. 이곳으로 이사 온 후 10여 년 동안을 한결같이 보아온 터이지만 그들의 순발력은 때로는 한심스럽고 또 때로는 부럽기조차 하다. 원칙과 상식이 자기위안의 수단 그 이상이지 않는 이 나라에서 그들의 날렵한 생존에의 욕구를 무슨 명분으로, 또 뉘라서 질타할 수 있을까. 그런데 흥미로운 건 생존본능을 최고조로 발휘하는 차량들에게서 희한한 공통점이 발견된다는 사실이다. 확률에 의거해 볼 때 그들은 대체로 중·대형 세단이고 또 차량의 색상은 검다.

　이 공통점은 우리에게 많은 것을 말해준다. 우선 이들이 중·대형 세단이라는 사실은 '노블리스 오블리주(Noblesse Oblige)' 같은 씨도 안 먹히는 먼 나라의 예법을 환기시키기 때문이 아니라 차라리 이 중산계급의 몰염치에 편승하지 않는 소시민들의 '강한 도덕심'에로 우리의 시선을 이끌기 때문에 중요해 보인다.『파시즘의 대중심리』에서 "범죄심리학은 대중들이 왜 빵을 훔치는가가 아니라 배가 고픔에도 불구하고 왜 빵을 훔치지 않는가를 연구해야 한다"고 직언한 W. 라이히의 논법대로라면, 별반 사회적 이익도 없이 유지되는 이 강한 도덕심이야말로 양심과 윤리의 문제를 떠나 소시민의 계급적 정체성을 엿볼 수 있는 좋은 기회가 된다.■■

    사실상 지금까지 한국의 근대화 과정 속에서 봉급생활자와 전문 프리랜서 등으로 구성된 이들 소시민들은 강한 도덕심을 표방하는 것으로 도시 노동자계급들과의 계층적 차별성을 획득하는 데 성공해 왔다. 그러나 그들의 이런 계급적 정체성이 정작 중산계급의 파행적 비도덕성과 정치적으로 대립하지 못하는 것 또한 우리의 근대화 과정이 노정한 한계이기도 하다. 그것은 한국사회가 갖는 독특한 사회구성체 때문인데, 흔히들 "부자가 부자를 낳고, 부자가 영재를 낳는다"는 식의 부동산과 금융소득에 근거한 신분세습구조가 근대적 생산관계보다 보다 우선하여 작용해 왔고, 그 결과 이 요인은 두 계급간의 정치적, 도덕적 긴장을 치명적으로 말소시켜 왔기 때문이다.

    예컨대 소시민들이 아무리 성실하다손 쳐도 자신의 일정한 수입만으론 결혼 후의 주택자금과 자녀양육비와 사교육비, 그리고 고급승용차로 상징되는 문화비용 등을 충당할 수 있다고 보기 어려울 뿐더러 누구도 이 가능성을 믿지 않을 때, 이로부터 비롯되는 상대적 박탈감은 그들의 계층의식을 도덕적으로 무장시킬 수는 있을지라도 궁극적으로 자신의 물질적 근간을 근본적으로 반성하는 데로 이끌지는 못했던 것이다. 더구나 우리 사회의 생산적 동력이 남성중심적 가부장제 네트워크라는 지독히 반봉건적인 연고주의로부터 나오고 있음에랴. 그 때문에 이들 소시민들은 중산계급의 비도덕성을 힐난할 수 있을지는 몰라도 그들의 물질적 토대에 정치적으로 대립하지는 않으며, 중산계급이 가부장제의 권위를 검은 색으로 표상한 채 거리를 질주하고 있을 때조차 이들은 다만 검지 않은 색상을 선호하는 것으로 자신의 계층의식

■■ _ 빌헬름 라이히(Wilhelm Reich)는, 경제적으로 곤란을 느끼면 느낄수록 정치적으로는 오히려 보수 반동화되어 가는 대중의 심리적 기제를 '성과 가족'에서 찾은 대표적인 성정치학자이다. 그의 주저인 『파시즘의 대중심리』는 당시 독일의 우경화 경향에 비판적으로 개입하기 위해 1933년 출간되었지만, 이 저작은 단순히 그런 목적 이외에 대중들의 비합리적 성격구조, 즉 파시즘을 성과 가족이라는 심층적 매개를 통해 이해하는 길을 열었을 뿐 아니라 그 역으로 이데올로기로부터 자유로운 대중적 심리구조도 가능하다는 것을 보여주려 하고 있다는 점에서 주목을 요한다.

에 안존하거나 혹은 (더욱 혹독하게 표현해) 중산계급의 취향에 기생할 뿐이다.

사실상 우리나라의 중 대형 세단 이상의 승용차의 경우 그 색상에 있어서는 오로지 이항대립적일 뿐이다. 다시 말해 소시민 중 누군가가 파란 색의 중형 세단을 소유하고 있을 때조차도 이 차는 명목상으로는 파란 색일지라도 실질적으로는 검은 색일 뿐 본질적인 차이를 내포하고 있는 것은 아니라는 뜻이다. 차이는 이질적인 두 사물이 상호간의 공명을 생성할 수 있는 상태를 지칭하지만, 소시민들의 검지 않은 승용차는 이미 한국사회의 물질적 토대를 그대로 색상으로 표상해 낸 중산계급의 검은 색을 회피함으로써 얻어진 개념상의 차이일 따름이므로 이를 본질적인 차이라고는 말하기도 어려우며, (직언하면 한국사회의 물질적 토대가 색상으로 재현될 때 그것은 검정 색이며, 이 때문에 그럴 수만 있다면 파란 색의 승용차를 소유하고 있는 소시민조차 실질적으로는 검정 색을 욕망하고 있다는 말이다) 또한 그렇기 때문에 이 둘 사이에는 미적 공명이라곤 생성되지 못한다. ■■

이러한 사정은 1500cc 이하 소형승용차 시장에서는 더욱 두드러지게 나타난다. 다만 중형승용차의 시장이 검정 색을 표상화하고 개념상의 차이를 허용함으로써 작동하는 데 반해 이 소형승용차 시장에서는 보다 억압적으로 검정색을 금기화 하고 있을 뿐이다. 이는 도로를 달리고 있는 소형승용차들로 시선을 한번만 돌려보면 쉽게 확인된다. 소형승용차 중 어느 것도 검은 색은 없다. 이 완벽한 금기의 실현은 역설적으로 금기에 대한 하릴없는 욕망이라는 말 말고 더 이상 무엇을 의미한다고 말할 수 있을까. 그리고 이만큼 우리 사회가 이항대립적 질서 위에 구축되어 있음을 명료하게 보여주는 예가 또 있을까.

승용차가 하나의 기호체계 위에서 작동하고 그 의미 또한 이 체계로부터 부여

■■ 사실상 개념상의 차이를 차이 자체로 오인하게 만드는 것이 곧 이데올로기이다. 하지만 몇몇 탁월한 예술작품들은 이 이데올로기의 허구성을 간파함으로써 명목상의 차이가 얼마나 비본질적인지를 형상화해낸다. 한 예로 스파이크 리(Spike, Lee) 감독의 1989년 작품, 《똑바로 살아라 Do the right thing》는 뉴욕 할렘가의 백인 패스트푸드 가게를 둘러싸고 벌어지는 흑인폭동사건을 보여주면서, 미국사회를 구성한다고 믿고 있는 다양한 인종 차이(백인·흑인·황색인·적색인 등)가 궁극적으로는 허상에 불과하다는 것을 매우 신랄하게 보여준다. 그 때문에 이 영화의 끝에서 우리는 '미국에는 오로지 백인밖에 존재하지 않는다'는 사실을 불현듯 깨닫게 된다. 다시 말해 '흑인'은 흑인으로서 사는 것이 아니라 백인이고 싶지만 백인일 수 없기 때문에 흑인으로 살아가는 '백인'이고, 식료품가게 주인인 '황인종'—한국인 역시 백인의 스키마 속에서 흑인을 억압하며 살아가도록 배치된 유사 '백인'일 따름이다.

된다는 사실은 명백하다. 그러므로 적어도 승용차로부터 우리 사회의 한 절단면을 은유적으로 살피는 것이 가능하다고 말할 수 있다면, 이제 승용차의 체계가 '검을 수 있는 것'과 '검을 수 없는 것'으로 이원화되어 있다는 사실 또한 받아들여야 한다. 이는 곧 이원적 구성이 둘이면서 동시에 하나를 지향하고 있다는 말이다. 둘이라는 것은 우리가 살고 있는 세계가 상호 소통할 수 없는 두 세계로 양분되어 있다는 뜻이고, 하나라는 것은 그럼에도 불구하고 이 양분된 세계가 각각 독립적인 체계를 구축하고 있는 것이 아니라 '검다'라는 표상작용에 의해 일원적으로 통합되어 있다는 뜻이다. 다시 말해 검을 수 없는 쪽은 자신들의 취향을 자의적으로 결정지을 수 없거나 상대적으로만 이에 자유로울 뿐이다. 이것이 우리 사회의 숨길 수 없는 골품제도이다. 다만 이 억압적 신분제도는 개인적/계층적 취향이라는 이름으로, 혹은 일상영역의 아비튀스(habitus)로 은폐됨으로써 그 모순의 실마리가 늘 지워지고 있을 뿐이다. ■■

나는 오늘도 시립미술관 뒷길에서 두 번, 내 앞으로 급히게 끼어드는 검은 승용차에게 경보음을 날리려다, 그만두었다. 너그러워서가 아니라, 나보다 먼저 이 상황에 개입하는 새로운 전사들이 나타났기 때문이다. 한번은 20대 중반의 녹색 소형차의 청년이었고, 또 다른 한번은 하얀 중형 세단을 탄 30대 중년여성이었다. 사실상 이 두 집단들은 지금까지 중산계급이 지배해 왔던 취향의 체계로부터 일탈하기 시작한 일종의 잉여적 존재들이다. 97년 IMF관리체제 이후 한국사회는 급격한 체질 변화를 경험해야 했었는데, 특히 이들은 이 과정에서 기왕의 기호체계에 자신들의 미래를 내맡겨서는 안 된다는 사실을 그 어떤 집단들보다 아프게 깨달은 집단들이었기 때문이다. 일테면 IMF 이후 후폭풍처럼 몰려온 신자유주의는 고용의 형태를 매우 불안정하게 만들어 청년실업을 장기화시켜 버렸을 뿐만 아니라, 지금까지 묵과되어

■■ 하지만 이 상대적 자율성 또한 지금과 같이 승용차의 차이가 명백히 이항대립적일 땐 그다지 기대하기 어렵다. 소시민들의 경우에 승용차가 거의 부동산과 동일한 지평 위에서 상상되고 있다거나 점차 중시되고 있는 사생활에 대한 욕망 때문에 승용차에의 물신화 경향이 점점 더 가속화되고 있다고 보면, 이들 계급의 취향은 이항대립적 체계로부터 상대적이나마 거리를 확보할 확률보다 오히려 이항대립적 체계로 말미암아 과잉결정/중층결정될 확률이 매우 높으며, 그 때문에 이들의 비자율적인 취향은 오히려 지배이데올로기의 표상체계를 강화하는 데 복무할 수밖에 없게 된다.

왔던 여성들의 사회적 차별을 일종의 집단적 히스테리로 표출될 계기를 제공했던 것이다. 대책없는 청년실업으로 비롯되는 그들의 반사회적 주체성이야 말할 것도 없지만, 여성들의 결혼 회피나 저출산 문제들은, 말하자면 기왕의 지배적인 취향의 체계에 대한 그들만의 아주 분명한 응답이었던 셈이다.

  이제 그들에게서, 안정적이었던 기존의 가치체계에 대한 존경의 흔적을 찾기는 더 이상 어렵게 되었다. 아주 나쁘게 이야기하자면, 이들은 검은 중형 승용차보다 더 쉽게 교통법규를 위반하고도 도덕적 자의식 따위는 훨씬 덜 갖는 것처럼 보이며, 자신의 앞을 가로막는 어떤 방해물도 결코 용납하려 하지 않는다. 적어도 그들에겐 바야흐로 '만인에 의한 만인의 투쟁'이라는 야만의 세계가 펼쳐진 것이다. 하지만 어떤 면에선 한국사회, 혹은 한국의 승용차의 체계는 이들로 인해 오히려 오랜 보수성을 벗어나 새로운 역동성을 얻게 될지도 모른다. 하나의 비근한 예로, 오로지 가부장제의 남성중심적 미감만을 표상화해 왔던 승용차 시장에 페미니즘이라는 매개변수가 작용하게 된다면(생각해 보라. 우리의 승용차 체계에 세대와 계급을 불문하고 '여성용'이라 명명할 만한 기호가 생성된 적이 있었는지를), 또는 지금까지 문화 없이 축적의 총량에 근거해 온 계급성만을 표상화해 왔던 승용차의 체계에 청년실업을 반영한 세대 간의 갈등과 긴장이 하나의 변수로 개입한다면, 우리는 이 지점에서 비로소 우리 사회의 가장 단단한 취향의 체계가 그 내부에서 균열하는 장면을 목도할 수 있을지도 모르기 때문이다.

세계화와 가족로망스

징후는 실재가 아니다. 히스테리 환자를 치료하기 위해 히스테리 자체를 치료의 대상으로 삼을 수 없듯이, 사회의 병리적 징후를 실재로 오인하는 순간, 병은 더욱 깊은 곳으로 은닉하고 심화된 모순은 새로운 형태로 병발한다. 요사이 우리 사회가 경험한 고통스러운 두 사건은 사건 자체의 특이성으로도 그렇지만 이 사건을 담론화하는 지식사회, 혹은 시민사회의 정치적 능력이라는 차원에서도 징후와 실재가 완전히 전도되고 있음을 절감하게 한다. 두 사건이란, 지난해 2월 초순에 발생한 여수 외국인보호소 화재 참사가 그 하나이고, 또 하나는 작년에 우리를 경악케 한 버지니아공대 총기 사건이다. 어찌 보면 이 사건들은 서로 별개의 것처럼 보이지만, 10년 전의 한국사회라면 결코 경험하기 어려웠을 세계화의 부산물이라는 점에서, 그리고 이들이 두 동강난 거울처럼, 붙이면 우리 민족의식의 양면성을 고스란히 하나로 재현해내고 있다는 점에서 이들은 둘이면서 동시에 하나이다.

현 출입국관리법 제52조에는 미등록 이주노동자 보호에 대해 20일을 초과하지 못하도록 명시되어 있지만 사망한 외국인노동자들 중 일부는 임금체불과 비자발급 등의 이유로 1년 이상 구금되어 있었다. 이 초법적 무신경함은 버지니아공대에서 발생한 총기사건에 보여준 전국민적 애도와 발 빠른 정부의 지나칠 정도의 사과표현에 견주어 심한 자괴감을 불러일으킨다. 사실상 〈필라델피아 인콰어리지〉의 사설 내용처럼, 버지니아공대 사건은 한국 국민과 정부가 그토록 표나게 미국에 사과해야 할 일이 아님은 분명하다. 이 사건은 다민족 국가로서의 미국 내에 형성된 자신들의 문화적 맥락 속에서 발생한 일이고, 그런 만큼 미국 언론에 비친 한국 정부와 한국인의 요란한 사죄는 이 사건을 정직하게 바라보아야 할 미국인의 객관적 판단에 심한 저해 요인으로 작용할 뿐이다.

언제부터인가 세계화는 정부와 지자체의 구호 차원을 넘어 우리의 개인적 심상 깊은 곳까지 파고들어 와 있다. 이 말은 '고작' 해외여행의 잦은 빈도나 자유무역협정 이후 초래될 산업구조 변화 등만을 지시하는 것이 아니라, 오히려 그 너머에 있는, 혹은 그 효과로부터 탄생되는 제국의 주민들이 내면화하게 될 주체성을 지칭하고 있다. 이제 우리는 더 이상 국민국가적 주권으로부터 세계를 상상하기는 어렵게 되었다. 비유컨대 완전히 독립된 유기체로 이해되어 왔던 국가라는 몸뚱이는 자신의 혈관과 신경을 무리하게 외부와 연결함으로써 자신의 생명을 연장하려 해왔고, 그 결과 국민이라 불리던 국가 내의 세포들 또한 이제 더 이상 국가의 보호와 통제를 달가워하지 않게 됨으로써 오히려 자신의 생명을 담보하고 있는 외부의 선을 따라 반응하고 그 속에서 삶의 의미를 찾고자 혈안이 된다. 이 순간, 민족과 국가를 소환하는 거대담론은 더 이상 기능하기를 멈추고, 국민 개개인은 상이한 이해관계 속에서 미세하게 분절되어 하나같이 다른 세상을 꿈꾸게 된다.

하지만 국가 너머의 그 선은, 아직은 매우 추상적일 뿐이며, 삶의 지형도를 제공해 주지도 않는다. 즉 당장의 삶을 위해 영양공급선을 움켜쥐고 그 선에 반응해 보지만 제국은 자신의 얼굴을 쉽게 보여주지도 않고, 함께한 시간과 공간의 기억을 공유하려 하지도 않는다. 그런 의미에서 엘리자베스 그로츠가 명시적으로 제시한 '환장사지'라는 표현은 이에 딱 부합한다. 사지들 중의 하나가 잘려나가 이미 그 환부가 완전히 아물었음에도 불구하고 여전히 고통을 상상적으로 느끼고 그 고통 속에서 완전체를 회복하려 할 뿐만 아니라 급기야는 그 완전체를 바로 자신이라고 오인해 버리는 것. 이에 기대면, 삶의 지표가 되어 주기에는 턱없이 부족한 제국의 선이 이데올로기로서의 작용을 보장해 주지 못하기 때문에 오히려 그 역으로 국민들은 민족주의라는 고통을 스스로 생산해 냄으로써 국민국가의 울타리 안으로 다시 맹렬이 회귀하는 빙적 감성구조가 창궐하게 되는 것이다. 이 과잉결정은, 그러므로 실재가 아니라 오로지 징후일 따름이다. 직접적 물적 조건을 수반하지도 않고 오로지 이차적일 뿐이라는 점에서 세계화 과정 속에서의 민족주의는 히스테리 그 자체이다.

    최근에 우리는 이 히스테리가 발현되는 광경을 여러 차례 목도한 바 있다. 다시 말하지만, 사건은 외국인노동자의 죽음이나 조승희의 총격 자체가 아니라 이들이 우리의 현실과 절합되어 서사로 구축되는 일련의 과정이다. 미국 내 이민자들의 문제는 그 즉시 우리의 문제로 둔갑했지만, 우리 안의 외국인노동자들은 서둘러 지엽적인 문제로 봉합되었다는 사실, 혹은 잘려나간 사지에 형성된 굳은살은 애써 외면하면서도 존재하지도 않는 한민족이라는 동일자는 잘도 상상적으로 불러내 마음깊이 애도한다는 것. 따라서 이 환상사지는 실재가 아니기 때문에 때와 장소를 가리지 않고 출몰할 수밖에 없다. 때로는 아주 미시적인 차원에서 극단적 가부장제의 이미지를 뒤집어쓰고 북창동에 나타나기도 하고, 거시적인 차원에서는 아베 일본총리의 백악관에서의 위안부 사과성명이라는 모습으로 나타나기도 한다.

    한화 김승연 회장 폭행 사건이 우리에게 보여주는 것은 언론의 관심이 집중된, 초권력적 독재자에게 자신을 상상적으로 동일시한 한 자본가의 광기가 모두이지 않다. 상징적 질서를 벗어나 상상계로 퇴행하는 독재자의 모습이야 우리의 근대화 과정에서 이미 충분히 경험했으므로 새삼스럽게 재론할 필요는 없으니, 해석이 요구되는 지점은 그 끔찍한 부성애, 혹은 가족로망스에의 병적인 집착이다. 아니 할 말로, 그럴 수만 있다면, 자신의 아들에게 상처를 입힌 폭력배에게 사제 권총을 들이대면서까지 보복을 행한, 이미 우리 사회에 만연해 있는 세상의 모든 아버지의 보편적 정서로서의 이 갸륵한 부성애 말이다. 그리고 아베 일본총리의 위안부 사과가 행해진 그 장소는 또 어떤가. 한국 정부의 요구에는 완강히 침묵하던 그가 왜 하필 미국에서 사과의 변을 토로했으며, 이에 전혀 이해당사자가 아닌 백악관의 부시 대통령이 사과를 수락하는 이 황당한 일은 또 어떻게 발생할 수 있었는가. 이 모든 질문에 답할 수 있는 길은 오로지 하나다. 세계화가 조장해 낸 과잉결정의 병적 징후들. 아베는 지난 세기의 대동아공영권을 자신의 완전한 몸뚱이로 환각하면서 서양이라는 대타자의 시선에 눈멀고, 어떤 아비는 가족을 제 몸과 하나의 유기체로 등가화함으로써 자신의 외부를 순식간에 타자화하고 사물화시켰다. 그러나 이 끔찍한 편집증이라는 징후는 전혀 놀랄 만한 것이 아니다. 우리의 평범한 일상, 바로 너와 나의 가정 내에서 이러한 일들은 수없이 반복 재생되고 있기 때문이고, 또한 한국의 모든 여론들이 한갓 징후일 뿐인 이 사건들을 마치 병인인 것처럼 다룸으로써 실재로부터 점점 멀어져 가는 일로 제 소임을 다하고 있다고 여기기 때문이다.

그러므로 이제 우리에게는 그 무엇인가와 싸우는 일 자체보다는 실천의 지반으로서의 문제틀을 다시 추스르는 작업이 우선되어야 할 시기에 와 있다고 하겠다. 투쟁의 대상이 급격히 추상화되었기 때문이기도 하지만, 이와 맞서기 위해 호출해 낸 주체들이 또 다시 환상사지를 불러오는 근본적 오류(정체성 정치)를 피하기도 어렵거니와, 오히려 그 때문에 실재가 아니라 징후만을 뒤좇음으로써 번번이 과잉결정된 허구를 현실로 호도해 버리고 말기 때문이다. 이제 점점 심화되고 있는 전지구적 차원의 상호 의존성은 국민성·인종·계급·젠더를 중심으로 구조화된 전통 문화와, 집단성의 상대적으로 안정적인 특징들을 그 내부에서 거의 붕괴시켜 가고 있는 중이다. 따라서 점차 분할되고 복수화되어 가고 있는 이들 사회적 주체들을 다룰 가장 뚜렷한 대안은 이데올로기 내적 재현기계들에 의해 라벨링되는 단일한 기의에 이들이 어떻게 절합되고 있는지 그 차이에 입각한 지역적 정치학을 포기하지 않고 꾸준히 탐색해 가는 일이다. 이 작업만이 징후와 실재를 분리하고 우리로 하여금 환상사지의 환지통으로부터 벗어나게 해 줄 것이다.

2008년 겨울, 영도 봉래동

탈주의 형상들

절망의 미학

미야자키 하야오(宮崎駿)는 필모그래피가 늘면 늘수록 오히려 말하고자 하는 바가 더욱 명료해지는 귀한 감독이다. 〈미래소년 코난〉에서부터 〈모노노케 히메〉를 거쳐 〈천공의 성 라퓨타〉에 이를 때까지, 그 절대적 절망을 통해 그는 매우 일관되게도 '우리의 삶에 외부가 존재하는가' 라는 한 점으로 자신의 이야기들을 모은다. 삶의 외부란 마치 젖먹이 아이가 부모의 품속에서 바라보는 세계 같은 것. 말하자면 어떠한 곤경도 부모/국가/세계에 의해 방어될 것이라 믿는 텔레비전 속의 풍경들과, 손으로 가리기만 하면 언제나 사라지는/사라진다고 믿는 타인의 고통과 같은 것들. 하지만 미야자키 하야오는 그의 일련의 작품들을 통해 그런 건 결코 '존재하지 않는다'고 매우 단호하게 말한다.

그런데도 우리들의 일상은 외부가 존재하지 않는다고 믿는 순간 당면하게 될 절망 따위엔 도무지 무관심하다. 그것이 사실이든 거짓이든 그런 절망감은 여전히 텔레비전 속의 풍경이나 이야기 속의 소재에 불과할 따름이다. 나 역시 그랬다. 30여 년 전, 진돌·다망구·말타기·오징어·씨차기 같은 것들론 성이 차지 않을 때 졸고 있는 잠자리를 잡아 똥구멍을 따고 성냥개비를 쑤셔 넣곤 어느 놈이 더 멀리 날아가는지 내기를 하거나, 부족한 간식거리를 마련하기 위해 참개구리나 메뚜기를 잡곤 했다. 그것도 한두 마리가 아니라 많으면 많을수록 좋은 것이었는데, 개구리를 잡으면 뒷다리를 잡고 냅다 바위에 쳐 껍질 벗긴 통통한 다리를 꼬챙이에 꽂아 불에 구워 먹곤 했다. 그러니까 그 당시의 자연은 우리들 삶의 완벽한 외부였던 셈이다. 대가를 지불하지 않아도 필요하다면 언제든 나/우리를 위해 준비되어 있는 어떤 것.

그러나 이젠 어떤 사물도 그리고 그 어떤 누구도 그런 외부로 존재하지는 않는다. 그 흔한 참개구리는 보호종으로 지정되어야 할 정도로 개체수가 줄었고, 잠자리조차 이제는 똥구멍을 따고 성냥개비를 꽂으며 놀 대상이기엔 너무나 의인화되어 버렸다(마치 애완견이 그렇듯 지금 우리 아이들이 이런 방식으로 놀고 있다면 성격장애를 걱정하며 정신치료를 받아야 한다고 생각할 것이 분명하다). 바야흐로 그들이 우리의 삶 내부로 들어온 것이다. 로자 룩셈부르크(Luxemburg, Rosa)는 『자본축적론』에서 익히 제국주의의 종말을 외부의 소멸로부터 그 원인을 찾았다. 그녀에 의하면 제국주의는 자본의 성장이라는 자양분을 지속적으로 공급받아야 하므로 식민지라는 자신의 외부를 계속 생산할 수 있는 한에서만 존속 가능한 체제이다. 사실 좁디좁은 지구상에 아무리 퍼내도 고갈되지 않는 우물 같은 것이 존재할 리는 없다. 그러므로 우물이 마를 수도 있다는 위기감이 머리를 드는 바로 그 순간, 식민지 착취는 무력에 주로 의존하는 형식적 포섭의 단계를 벗어나 환상을 이용하는 실질적 포섭의 단계로 이행하지 않을 수 없게 되고, 이 이행의 과정을 통해 세계는 궁극적으로 외부 없는 하나의 세계로 통합될 것이며, 이 지점에서 제국주의는 필연적으로 종말을 고할 것이라는 게 그녀의 주장이었다.

그녀의 제국주의론은 백번 지당하다. 물론 그녀의 예견처럼 제국주의의 종말이 곧장 신세계의 도래로 이어지지는 않을지라도 외부 없는 일원적 세계화 과정이 제국주의의 궤멸을 가져올 것이라는 사실만큼은 무엇보다 분명하다. 그리고 지금 우리의 세계적 현실은 제국주의의 궤멸을 알리는 징후들로 들끓고 있다(사미르 아민은 절대 아니라고 하겠지만 네그리에게 이 진술은 명백히 참이다). 다만 그녀가 예견하지 못했던 것은 이행기에 놓인 우리들의 조건이 그녀의 상상보다 훨씬 더 나쁘고 복잡하다는 것이다. 이 예기치 못한 결과는 그녀가 노동자들의 대항권력을 지나치게 변증법적으로 이해했기 때문이다. 푸코 식으로 말해 권력의 최종적 형태보다 저항이 응당 먼저 발생하는 건 사실이지만, 저항은 그녀의 상상과는 전혀 다른(변증법적이지 않기 때문에) 훨씬 기괴한 모습으로 우리 앞에 나타나고 있다. 점차 강화되는 유연한 노동조건으로 노동자 연대는 제 힘을 거의 상실하고 있고, 주적으로서의 국가권력은 초국적 자본의 매끄러운 공간 뒤에 은닉함으로써 저항의 과녁으로부터 멀찍이 벗어나 버린 오늘날, 바로 그 때문에 저항은 매우 국지적이고도 은유적인 형태를 취함으로써 권력 그 자체 안에 내재화되는 경향을 띠게 되기 때문이다.

사실상 저항이 권력 속으로 내재화될 때 우리는 예전처럼 저항을 강철과 같은 강렬한 남성적 형식으로 상상하는 것을 더 이상 보장받지 못한다(『강철은 어떻게 단련되는가』라는 제목을 공공연하게 상재할 수 있었던 시대는 얼마나 행복했던가!). 슬프게도 우리 시대는 저항조차 온전히 자기 파멸적인 형태를 띤다. 대표적인 예가 테러, 에이즈(AIDS), 암, 조류독감 같은 것들이다. 노동자 개개인의 이성적 주체에 기초해 저항의 형태를 상상한 로자 룩셈부르크로서는 결코 믿으려 들지 않겠지만, 이런 것들이 우리 시대가 취하는 저항의 가장 전형적인 모습인 건 사실이다. 이것들은 한 마디로 귀신 그 자체이다. 보이지도 않으면서 언제든지 일상을 타격하고, 그리고 무엇보다 잠깐 형태를 드러낼 때조차 매번 꼴을 바꾸면서 출몰하기 일쑤이기 때문이다. 열거된 예들을 하나하나 곱씹어보면 이해하기가 쉽다. 암은, 암을 거부하는 유기체와 하나이면서 동시에 둘이고, 테러와 조류독감과 같은 것들은 백신이 무용할 수밖에 없도록 변이 자체가 매우 자유롭다. 그리고 이들의 변이를 가능하게 만드는 힘은 이들을 퇴치하기 위해 조성된 사법권력과 백신들로부터 나온다. 그러니까 저항/귀신은 권력 속에서 권력의 구조를 모사하면서 생성, 작동하는 컴퓨터 바이러스와 흡사하다.

지금까지 제국주의는 모든 끔찍한 재앙을 자신들의 외부, 즉 식민지에 돌려주는 것으로 자신들 내부의 행복을 창출해 왔다. 너무 먼 제국주의 역사를 들먹이지 않더라도 에이즈의 천국 아프리카와 동남아시아가 그 희생물이었고, 테러의 집산지 중동 지역이 또한 그러했다. 그러나 이제 그런 식의 해결방식은 통하지 않는다. 외부가 소멸해 버리는 순간, 테러는 미국과 유럽의 중심부에 거주하게 되고 광우병과 조류독감은 그들/우리들 제국주의자들의 일상 속에 범람하게 된다.

저항이 권력 속으로 파고들어 가는 바로 이 현상을 미야자키 하야오는 절망적이고 매우 끔찍한 형상으로 재현해 내고 있다. 〈모노노케 히메〉에 나오는 재앙신 타타리가미는 지혜의 신이었으나 인간이 쏜 총에 맞아 변이된 것이고, 생명을 관장하는 신, 시시가미는 인간의 개발주의에 목이 잘려 대지 속으로 소멸한다. 이제 신은 숨어버린 것이다(사라진 것이 아니다. 사라졌다면 시시숲이 초원으로 변했을 리 없다). 신이 숨어버리자, 타타리가미가 지혜의 신에서 재앙신으로 변해버리듯, 선과 악이 아주 모호하게 뒤섞여 버린다. 문제는 주인공 아시타카일 것이다. 이 두 세계를 중재하려 했던 아시타카에게 이 세계는 그야말로 디스토피아일 뿐이다. 이 세계가 디스토피아인 건 악만이 남았기 때문이 아니라 무엇이 악이며 무엇이 선인지 구분이 불가능해졌기 때문이고(에이즈와 테러는 축복인가 저주인가?), 희망 없이 살 수 없는 것이 인간 존재의 본질임에도 절망이 희망보다 늘 압도적으로 우세하기 때문이다.

사실상 아시타카가 곧 우리이고, 그의 절망이 곧 우리의 절망이다. 이를 부인할 어떠한 대안적 논리도 현재 우리는 가지고 있지 못하다. 보드리야르나 비릴리오 같은 우리 시대의 현자들이 암이나 테러를 의학이나 정치학의 문제로 환원하려는 태도를 경고하면서 이 문제를 순수히 인문학적 화두로 삼아야 한다고 줄기차게 주장해 온 건 그 때문이다. 그렇다면 그들의 말마따나 이 문제들을 인문학적 화두로 삼는다는 건 구체적으로 어떤 것일까? 아마도 이 이야기는 〈모노노케 히메〉의 속편이 될 것인데, 이는 〈바람계곡의 나우시카〉가 그대로 이어가고 있다(제작년도는 뒤집혀 있지만). 이 작품에 따르면 답은 그리 먼 곳에 있지 않다. 지구를 궤멸시킨 주범이라고 믿어왔던 곰팡이와, 끊임없이 인간을 공격하는 거대한 곤충들과 괴물 오무를 새로운 방식으로 사유하고 이 사유 자체를 세계를 이해하는 원리로 삼는 일이다. 이 작품은 곰팡이와 괴물 등을 제거해야 할 대상이 아니라 혼종(hybrid)의 형식 속에서 인간과 더불어 살아야 할 존재들이라고 우리의 귓가에 대고 속삭인다. 그리고 이러한 형식 속에서만 인간들에게도 인간 '들'의 삶이 보장될 수 있다고 말하고 있다(제발 인간을 단수로 호명하는 일은 이제 그만두었으면 좋겠다. 인간다운 삶은 사람과 사람들 사이의 차이를 용인함으로써 얻을 수 있는 것이지 인간이라는 단 하나의 일자적 형식으로는 결코 구하지 못한다).

2005년 겨울, 초량동 주차타워

야생화는 꽃이 아니다

'꽃'이 아니라 '야생화'는 그 자체로 우리의 사유의 대상이 된다. 〈바람계곡의 나우시카〉가 일러주는 방식대로라면 꽃에로 이끌리는 인간의 욕망이나, 제국주의가 자신의 외부에 기울이는 관심은 모두 그 원리에서 하나이다. 말하자면 인간의 마음이 꽃으로 기울 때 야생화는 그 즉시 사라지고 만다는 점에서 그러하다. 야생화는 꽃의 한 종류가 아니다. 꽃을 소유하고자 하는 사람들의 마음은 일종의 자본축적에의 욕망과 같아서 점점 더 효용이 큰 쪽으로 이동하는 욕망을 스스로 제어하지 못한다. 뿐만 아니라 이러한 욕망구조 속에서는 꽃과 일반 소비재는 완전한 등가를 이룬다(모든 것이 교환가치 속에 녹아든다). 이러한 사정은 우리가 널리 애창하고 있는 김춘수 시인의 「꽃」이라는 한 편의 시가 끔찍하리만치 정확히 보여주고 있다.

> 내가 그의 이름을 불러 주기 전에는
> 그는 다만
> 하나의 몸짓에 지나지 않았다.
>
> 내가 그의 이름을 불러 주었을 때
> 그는 나에게로 와서
> 꽃이 되었다.

당신이 갖고 싶은 꽃은 이와 다른가, 그리고 이런 꽃 말고 달리 다른 의미의 꽃에 대해 당신은 아는 바가 있는가? 누군가가 이름을 불러주기까지는 아무 의미도 없는 존재이었다가 이름이 불리고 난 뒤에야 그 누군가의 무엇이 되는 존재. 로자 룩셈부르크였다면 이 시를 보는 순간 한 치의 망설임도 없이 조각조각 찢어버렸을 것이다. 주체와 대상간의 이런 일방적 관계야말로 순수한 제국주의의 논리 아닌가. 부를 수 있는 절대적 권력을 가진 자야 얼마나 좋을까마는 그들의 외부에 놓여 있는 누군가는 이 꽃처럼 허구한 날 노예/식민지가 되기 위해 백마 탄 왕자님을 기다리고 있어야 한다. 혹시 왕비가 될 것으로 믿었다면 일찌감치 꿈을 깨는 게 좋을 듯하다. 그런 건 천부당만부당한 기대다. 그럼에도 불구하고 이 시가 오랫동안 널리 애송되어 왔던 건, 그렇다, 모든 독자들이 자신을, 꽃을 부르는 주체라고 생각할 뿐 누군가에게 불리길 기다리는 대상일 거라고는 생각하지 않기/못하기 때문이다.

— 답은 쉬웠지만, 이것이 우리가 쉽게 바람계곡의 나우시카가 되지 못하는 이유이다. 말이 좋아 발상의 전환(易地思之)이지 손바닥 뒤집듯 인행의 사회적 위치(많은 철학자들은, 개인이 언행을 위해 필요로 하는 이 위치는 개인 스스로에 의해 획득하는 것이 아니라 사회가 개인에게 부여하거나 혹은 이러한 사회적 부여로부터 개인이 취하는 효과라고 생각한다)가 그리 호락호락 바뀔 순 없지 않겠는가. 권력의 힘을 불연듯 두렵게 깨달아야 하는 것도 바로 이 대목에서이다. 권력은 단순한 무력이 아니라 지식과 사회관계 같은 독특한 배치를 통해 작동하는 것이어서 누군가가 발상의 전환을 꾀하기 위해서는 배치의 고정성, 즉 이미 유통되고 있는 사회관계와 자신이 알고 있는 모든 지식을 송두리째 쓰레기통에 처넣음으로써만 가능해진다(마치 〈매트릭스〉에서 주인공 앤드슨이 네오가 되기 위해 그랬듯). 사정이 이러한데도 꼭 그래야 하고 그래야 한다면 이런 건 가능한 일이기나 할까? 하지만 이 회의적인 질문은 이 세계의 허위성을 깨닫는 한 도무지 쓸모가 없다. 절대적 절망 앞에 선 아시타카와 나우시카에게 이런 질문은 그저 공허한 울림일 뿐이기 때문이다. 그 질문 뒤에 더 나은 선택이 숨겨져 있을 확률은, '0%' 이니까.

— 정확히, 김춘수의 꽃 반대편에 야생화가 있다. 야생화는 보임으로써 소유할 수

있는 대상이 아니라 애써 찾음으로써 제 속의 야만스러운 제국주의적 본성을 시우기 위해 필요한 대상이다. 1985년 〈구미유학생 간첩단 사건〉에 연루되어 13년간 옥중 생활을 했던 황대권 씨가 감옥 안에서 썼던 『야생초편지』는 이를 아주 경쾌하게 표현해 준다. 그에 의하면 "모든 잡초는 야생초이다". 특정한 의도를 갖고 심은 건 '작물'이고, 그 작물의 영양을 빼앗고 재배에 방해되는 것은 모두 '잡초'로 불린다. 외부를 생산하고 그것의 착취를 통해 자본을 축적하는 제국주의자들에게 이러한 정의는 항상 옳다. 그들은 오로지 생산성을 높이기 위해 오랜 기간 동안 이 작물을 변형시키고 조절해 왔으며, 그로 인해 허약해질 대로 허약해진 작물들은 더더욱 광범위한 비료와 제초제의 강도를 높임으로써만 제 존재를 증명한다. 이것이 김춘수의 '꽃'의 존재 방식이다. 말하자면 꽃과 작물은 자신 이외의 모든 것을 말살한다는 조건 속에서만 성립 가능한 존재이다.

우리 주위를 한번만 둘러보면 꽃과 야생화가 왜 서로 대척지점에 놓이는지 알게 된다. 조경사들이 부지런하면 할수록, 조경의 목적이 뚜렷하면 뚜렷할수록 야생화/잡초는 흔적도 없이 모습을 감춘다. 당연하다고? 그럴지도 모르지만 여전히 생각해 봐야 할 문제는 남는다. 잡초/야생화가 제거되는 것이 당연하다면 적어도 꽃이라도 행복하게 살아야 하지 않겠는가. 그런데, 그런데 말이다. 꽃도 행복하지 않은 건 마찬가지다. 가로를 장식하고 있는 팬지나 페추니아 화분을 보면서 나는 늘 비애감을 느낀다. 꽃이 필 때를 기다려 화분에 담기고 꽃이 지는 순간 뿌리째 뽑혀 담배꽁초, 일회용 컵과 함께 쓰레기로 버려지는 그들. 그러므로 꽃은 생명이 아니다(제국주의 외부에 존재하는 인간/흑인/여성/노동자는 인간이 아니다). 이 일상적인 제국주의 논리에 저항하기 위해 황대권 씨가 선택한 삶의 방식이 곧 야생초를 새로운 방식으로 배치하는 일이었다. 이름 하여 '유기농법'. 더불어 살면서 지속 가능한 종 다양성 확보 방법은 이것 말곤 달리 존재하지 않는다는 게 그의 생각이었다.

그러므로 다시 한번 더. 야생화는 꽃이 아니다. 홀로 피어있음으로써, 조용하던 우리의 인식에 파문을 내는, 작은 돌멩이이다.

2005년 봄, 화명동 골목집 담장

야생화를 바라보는 그릇된 욕망
—민족주의

언젠가 20년 가까이 서울 시민의 쓰레기 매립장 구실을 했던 난지도가 귀화식물의 천국으로 변했다는 보고가 있고 난 후, 봄만 되면 이곳의 돼지풀 꽃가루가 서울사람들의 건강을 위협하고 있다는 보도가 매년 반복되어 왔다. 그때마다 서울 시민들과 공무원들은 합심하여 난지도의 귀화식물 소탕작전에 열을 올리곤 했다. 이러한 소란의 배경에는 시민들의 소중한 건강을 지키겠다는 갸륵한 발상만이 작용하고 있는 것이 아니다. 그랬다면, 서울 시내에 지천으로 뿌리내리고 살고 있는 민들레도 보이는 족족 뽑아 죽였어야 했다. 하지만 돼지풀만큼이나 홀씨를 다량 살포하는 민들레는 귀엽게 살아남고, 돼지풀·미국자리공·서양등골나물·미국서나물 등은 매 순간 멸종의 벼랑 끝으로 내몰린다. 그것들은 우리의 산업현장에서 우리 노동자의 일자리를 앗아가는 외국인 노동자이고, 입만 열었다 하면 듣기 싫은 쓴소리만 내뱉는 박노자이고, 이 나라를 식민지로 수탈해온 침략자가 등장하는 민족적 서사의 프로타고니스트들이기 때문이다.

그런데 어느 날 난지도의 귀화식물에 대한 전혀 상반된 연구사례가 발표되었다.

귀화식물만 살아남는 버려진 땅인 줄 알았던 난지도에 각종 조류들과 양서류·포유류들이 살고 있고 쑥·칡·버드나무와 같은 우리의 고유한 초·목본류들이 대거 새로 정착해 살아갈 수 있게 되었다는 것이다. 이러한 결과를 가능하게 만든 건 지난 시절 그렇게 사갈시했던 귀화식물들 덕분이란 게 또한 그들의 주장이다. 말하자면 난지도 같은 황폐한 곳은 나름의 천이과정이 있기 마련이어서 맨 처음 선구식물로서의 귀화식물이 자라나 빈약한 지력을 회생시켜 놓아야, 다음 그리고 그 다음 단계의 식물들이 살아가게 된다는 것이다(이렇게 진화론적 천이과정을 밟아가더니 지금 난지도에는 10만 평 규모의 골프장이 들어서 있다. 그럼, 극상림이 인간? 과학을 가장한 이데올로기의 이 천박한 사기술!). 이 두 상반된 이야기를 어떻게 받아들여야 할지는 독자의 판단에 맡겨야 하겠지만, 조언이 가능하다면, 아무쪼록 생태계 자체를 인간의 서사로 의인화하는 그 어떠한 논리도 받아들이지 말 것을 권한다.

  21세기를 살아가고 있는 지금 우리들의 세상에 지천으로 널려있는 거의 모든 이야기의 죄송심납은 민속주의이나. 앞선 예와 같이 힌깃 야생초 한 포기에도 에외는 없다. 그래서 인터넷의 무수한 야생화 동호회와 대학 야생화 동아리, 그리고 각종 오프라인 상의 야생화 연구회가 '우리꽃'이라 운운하며 표방하는 순박한 애국심이 두렵고, 그렇게 생산된 지식들이 두려워 오금이 저릴 지경이다(특히 사진으로부터 생성되는 지식은 그 의도야 어떻든 그 속에선 이미 제국주의적 독소가 배어들기 마련이다. 자세한 이야기는 수잔 손탁이 쓴 『타인의 고통』을 보라). 그들은 하나같이 '우리 꽃'을 들먹인다. 문제는 '우리'라는 경계가 항상 순기능만을 가지는 건 아니라는 사실이다. 그렇다면 이젠 한 발 물러나 생각을 가다듬고 다음과 같은 물음들을 스스로에게 던져보아야 한다. 우리 꽃과 너희 꽃의 경계란 무엇인가, 꽃과 야생화의 경계란 무엇인가, 면도날처럼 날카로운 이 경계에 살을 베이고야 마는 건 궁극적으로 누구인가, 그리고 경계를 만들고자 하는 이 편집증적 욕망은 어디로부터 왔는가? 알고 보면 바로 이 경계짓기가 외부를 생성해 내는 유일한 원천이다. 그리고 외부는 원래부터 존재하고 있었던 것이 아니라 이렇게 우리들 내부의 욕망으로부터 생산되는 것이다.

야생화, 이 작고 보잘것없는 꽃들은 아름다워서 소중한 것이 아니다. 그것들이 우리의 심상에 맺히는 까닭은, 스스로 보이지 않으려 하기 때문이다. 그리고 보이지 않는 까닭에 눈을 부라리고 찾는 그것은, 더 이상, 꽃이 아니다. 그것은 지워진 경계이고, 상처받을 수 있는 가능성(vulnérabilité)을 향해 열린 우리들의 몸과 마음이다.

2000년 여름, 대청동 옛 미문화원(현재 부산근대역사관) 앞 길

도심_생태_보고서

나의 연구실이 있는 문과대학 화단에는 2년 여 전 심어놓은 마거리트가 봄이 되면 화단 가득 꽃을 피운다. 그러나 이 환한 풍경도 매우 한시적이다. 4월초와 6월말, 잡초 제거반 아저씨들이 두 차례, 잔디 보호를 목적으로 제초작업을 마친 그 사이, 바쁘게 자란 놈들의 몸에서 활짝 꽃이 피어난다. 그리곤, 그만이다. 벌과 나비가 찾을 시간도 없이 조경을 위해 들이댄 카터기에 이제 막 피어난 꽃들은 피 내음을 풍기며 쓰러진다.

    지난 해 문과대학 앞뜰에서는 총 네 번의 대대적인 제초작업이 있었다. 제초작업에는 단 하나의 원칙만이 존재한다. '카터기로 벨 수 없는 것들만 살려둔다.' 그래서 살아남은 것들의 이름은 종려나무 · 단풍나무 · 등나무 · 월계수나무 · 철쭉 · 배롱나무 · 금목서 · 목련 · 적송 · 동백나무 · 섬잣나무 · 향나무 · 벚나무 등이다. 이게 모두이다. 이들을 위해 피를 흘리고 쓰러졌다 다시 살아나 다시 쓰러졌던 놈들의 이름은 이루 다 욀 수 없다. 그래도 웨라고 한다면 한 놈, 두 놈이 아니라 종족의 이름을 대표해서 부를 수밖에 없는데, 제비꽃 · 누운주름꽃 · 괭이밥 · 양지꽃 · 달개비 · 어린 팔손이 · 마거리트 · 메꽃 · 토끼풀 · 붉은토끼풀 · 민들레 · 인동넝쿨 · 달맞이꽃 · 타래난 · 개자리 · 꽃마리 · 도깨비가지…… 등등이다.

    나의 직장은 '도심형 캠퍼스'를 구축하기 위해 지난 몇 년간 급격한 공간 재배치를 실행해 왔다. 그리고 이 변화는 오로지 학교의 행정적 높이로부터 온 것이다. 27호관 앞의 그 황량하게 급조된 조경과, 심었다 하면 모두 느티나무, 사철나무, 혹은 영산홍뿐인 한심한 수종 선택과, 사람들이 정붙일 만하다고 생각하면 금새 아스팔트로 시멘트로 도포되어 버리는 길들. 그러다 보니 학교 안에는 도무지 풀 한 포기 자랄 공간이 없다. 자라고 있던 놈들도 부지런한 아줌마, 아저씨들 손과 칼날에 뽑히고 베어진다. 부지런한 건 좋지만 좀 형평성 있게 부지런했으면 좋겠다. 강의실 칠판은 어제 낙서가 지워지지 않은 채 다음날 아침에도 그대로 있기가 일쑤인데도 왜 그리 복도의 왁스칠은 자주 해야 하는지, 풀들은 왜 그리 자주 베어 없애야 하는지 모르겠다. 아니 알겠다. 그들의 모든 노동이 학교 당국의 전시효과에 맞춰져 있는 한 결코 피할 수 없는 현상이라는 것을.

오랜만에 학교를 찾는 졸업생들은 교정이 많이 변했다고 말한다. 반듯해지고 깨끗해졌단다. 그런데 한나절만 교정에 머물고 나면 이구동성으로 '무슨 학교가 앉아서 쉴 곳이 이리도 없냐'고 넋두리를 해댄다. '불편하긴 했어도 문과대에서 도서관 넘어가는 산길이 좋았는데', '상대에서 법정대로 나있던 오솔길이 참 좋았는데'라고 아쉬움을 토로한다. 옳은 이야기다. 학생들이 평일 하루 중 학교에 머무는 시간은 수업만 받고 귀가한다 해도 적어도 7시간은 된다. 이 긴 시간 동안 학생들은 늘 머물 곳을 찾지 못해 쭈뼛거린다. 학회실은 너무 좁고, 도서관은 징검다리 강의시간을 맞추기엔 다소 멀다. 학교가 반듯해지기 위해 없애버린 공간들이 오히려 학생들의 숨통을 막아버린 꼴이다. 이 표현은 절대로 비유가 아니다. 졸업생들을 대상으로 〈학교를 떠올릴 때 가장 기억에 남는 장소는 어디인가〉 같은 설문조사를 한다면, 모르긴 해도 응답자의 대부분이 생태 공간 중의 어느 한 곳을 지목할 게 틀림없다. 왜냐하면 '빨리빨리' 메커니즘(포드주의 같은)이 작동하지 않는 유일한 장소가 바로 그곳이고, 그런 곳에서만이 사람이 사람을 만날 수 있기 때문이다.

카메라를 메고 나서면 그나마 렌즈를 들이댈 수 있는 곳은 학교 안이 아니라 학교의 변두리 공간들인 건, 그래서 어쩔 수 없다. 예컨대 법정대 진입로 오른쪽의 국화반점 건물 뒤쪽에서 옛 도서관으로 오르는 급한 오르막엔 온갖 풀과 나무들이 한 세상을 이루고 있다. 그곳의 5월은 풍성하다. 뽕나무의 오디가 검게 익어가고, 앵두나무엔 가지가 비좁을 정도로 촘촘히 붉은 앵두가 매달려 있다. 거기다 산딸기밭은 또 어떻고. 도심에선 보기 힘든 약모밀(어성초)이 하얀 꽃을 숨겨 피우는 곳도 거기이고, 고약한 밤꽃 향내를 맡을 수 있는 곳도 학교 주변에서는 거기밖에 없다.

또 다른 한 곳은 문과대학에서 약학관으로 오르는 산길이다. 채 30M도 안 되는 오솔길이 나있는 이 둔덕은 아마도 학내구성원들이 건물간 이동을 하면서 마주칠 수 있는 거의 유일한 자연녹지공간일 것이다. 오솔길 옆으로 생색용 벤치가 서너 개 설치되어 있긴 하지만 말 그대로 생색용이라서 잠시라도 앉아 쉴 곳은 되지 못한다. 대신 이 둔덕에서 예상치 못했던 야생화들을 만나는 즐거움이 있다. 봄에는 국수나무나 나무딸기의 긴 줄기에서 몽실몽실 피어나는 흰 꽃다발을 만나기도 하고 묵은 나뭇잎 사이로 노란 금난초와 마주치기도 한다. 가을엔 취나물꽃과 모시대와 산박하꽃을 볼 수 있는 곳도 여기이다. 이런 풀꽃들은 생육조건이 비교적 안정되어야 자랄 법한 놈들인데, 척박한 땅에서도 자라나 주니 가상하기 짝이 없다. 아마도 이곳이 사람들의 접근이 어려운 데다 착실히 부식토 쌓일 시간적 여유를 그나마 얻을 수 있었기에 가능했지 싶다(그렇지만 안타깝게도 이 글을 편집하고 있는 지금, 이 길은 작년 인도 확장 공사로 이미 지도상에서 지워지고 말았다).

그리고 마지막으로 소개할 이곳은 일부러 찾지 않으면 대학생활 4년 내내 그 존재조차 자각 못할 곳이다. 문과대학에서 종합운동장으로 오르는 도로 중반쯤에서부터 시작하는 황령산 작전도로변이 그곳이다. 이 도로는 옛 배수지를 지나 문과대학과 공과대학의 뒤편을 먼발치에서 끼고 돌도록 되어 있어 학교 안은 아니지만(학교 안에서는 도무지 무심히 걸을 데라곤 없으니) 식사 후 산책 삼아 걸어도 무리가 없는 곳이다. 여기에서도 많은 야생화를 만날 수 있다. 계절 중 봄이 제일 풍성한데, 백선과 지칭개·도둑놈의지팡이(고삼)·광나무꽃·까치수영·각시붓꽃 무리들과 제비꽃들을 허다히 볼 수 있다.

그 외에도 야생화들이 살고 있는 곳은 더러 몇 군데가 더 있다. 예컨대 문과대에서 법정대로 내려가는 길 오른편 나대지라든지, 학교 상징석에서 시작해 공대까지 길을 따라 뻗은 오른편 울타리 너머, 상대 내리막 길가, 공대 농구장 뒤 약수터 따위들이다. 이 장소들에는 공통점이 몇 있다. 하나는 사람의 발길이 잘 닿지 않는다는 것이고, 또 하나는 변방이라는 것이다. 세상 사는 일이 다 그렇겠지만, 알고 보면 변방만큼 역동적인 공간은 없다. 프랑코 모레티의 표현처럼 인류의 거의 모든 고전들,

예를 들어 괴테나 보르헤스의 작품들은 이 변방에서 생산되었다. 변방이 역동적인 이유는 서로 이질적인 문화의 충돌이 상시적으로 발생하기 때문이다. 이는 대중문화물도 마찬가지이다. 텔레비전 연속극만 보더라도 부자와 가난뱅이, 잘생긴 사람과 못생긴 사람, 신분이 높은 사람과 낮은 사람의 조합처럼 두 극성이 부딪쳐야 이야기가 생기고 사건이 발생하며, 또 그래서 세상은 스스로 움직일 힘을 얻게 된다.

변방이란 두 세계의 접경지대이다. 따라서 변경은 그로 인해 상시적으로 긴장이 초래되며, 이것은 곧 삶의 강렬한 에너지로 전환되곤 한다. 변방이라는 공간의 진정한 의미는 바로 이것이다. 그래서 야생화의 식생도 대체로 사람과 자연이 만나 부딪치는 길가에서 이루어지고 있는 건 우연이 아니다(대부분의 야생화들은 숲 안쪽이 아니라 숲 가장자리에서 서식한다). 문제는 이 접경지대, 즉 두 극성이 서로 만나 부딪쳐 생의 에너지를 만들 공간이 도시 공간에서뿐만 아니라 대부분의 대학에서조차 점차 사라지고 있다는 데 있다. 개발 자체를 무조건 사갈시하는 것은 옳지 않을지라도 효율만이 극대화되는 공간배치가 궁극적으로 진정 '효율적'이기는 한지 따져볼 일이다.

대학이라는 공간 자체는 그 사회적 기능상 이미 접경지대이다. 다시 말하지만 접경지대는 이곳과 저곳을 구분짓기 위해 쌓은 담이 아니다. 접경지대는 문턱이다. 문턱은 자신으로부터 이쪽저쪽으로 분할된 두 공간의 질서가 상이하므로 다소 불편이 초래되더라도 잠깐의 머뭇거림과 거리감을 통해 자신과, 자신이 접속할 공간을 둘러보게 하는 물리적 구조물이자 동시에 인식적 구조물이다. 유격장에 들어갈 땐 PT체조를 해야 하고(일상적 몸으로는 위험하니 위험을 견뎌 낼 수 있도록 몸의 모드를 전환해야 한다), 밖에서 놀다온 아이는 흙 묻은 옷을 털어 내야 한다. 이게 다 문턱이 시키는 일이다. 대학의 사회적 역할이란 것도 바로 이 문턱의 기능과 결코 다르지 않다. 오로지 자본의 속도에 따라 진행되는 사회의 가쁜 시간을 늦추어야 하는 것도 대학이고, 기계의 지식을 인간의 지식으로 변화시키고 그것을 사회에 매개해야 하는 것도 대학이 해야 할 일이다. 그러므로 학교 내부와 외부 사이의 문턱을 마구잡이로 없애는 데만 혈안이 될 게 아니라 강의동과 도서관 사이, 단과대학과 단과대학 사이,

차도와 인도 사이 등에도 문턱을 조성해야 할 필연성을 고민해야 한다. 대학의 창의성은 이 지점, 두 상이한 차이가 교류하고 충돌함으로써 생의 에너지가 생성될 바로 거기, 접경지대에서만 발현되기 때문이다. 그리고 거기에서 야생화는 꽃을 피운다.

교정에서 야생화를 찾아다닌 지난 1년 동안 나는 늘 신경과민 증세에 시달렸다. 학교 공간이 급변하고 있기 때문이기도 했지만 사람들의 손길과 발길이 피어있는 꽃들을 그대로 두어두는 법이 없었기 때문이다. 신기하고 예뻐서 한 두 번 어루만진 게 그렇게 될 수도 있고, 도무지 앉아 쉴 곳이 없으니 무심코 앉은 자리에 꽃들이 있어 짓밟혔을 수도 있을 것이다. 이 정도면 이해 못할 바도 아니다. 하지만 그 이상은 용서와 관용이 허락되지 않는다. 이런 일도 있었다. 석축 사이에서 어떻게 싹을 틔웠는지 참나리 하나가 제법 실한 자태로 열심히 꽃 피울 준비를 하고 있었다. 이대로 하루 이틀만 보내면 꽃을 피울 수 있을 듯한 어느 날 아침, 나는 매우 참혹한 광경을 목도했다. 굳이 손을 높이 뻗지 않으면 닿기도 힘들 그곳에서, 참나리는 '얼굴 없는 미녀'가 되어 있었던 것이다. 뜯겨나간 얼굴을 한참 동안 찾아 헤맨 끝에, 그것은 도서관 앞 영산홍 가지 사이에서 발견되었다.

가장 비쌀 때 백합 한 송이의 소매가격은 대략 1500원 정도이다. 이 참담한 교환가치야말로 자연에 대한 반윤리적 행태가 도덕의 품에서 재생하는 이 시대 유일의 가치 계측 메커니즘이다. 아마도 참나리의 얼굴을 뜯어낸 그 누군가는 대략 1500원 정도의 양심의 가책을, 3분이 채 안 되는 거리를 걸어오는 동안 느꼈을 법하고, 그리곤 그 양심의 무게를 슬그머니 내려놓았을 것이다. 아니 어쩌면 같이 걷던 여자 친구에게 제 마음을 전하기 위해 참나리의 목을 잘랐을지도 모르고 그것을 받은 여학생은 잠깐의 기쁨으로 들고 내려가다 한계효용이 끝난 지점에서 무심히 내팽개쳤는지도 모를 일이다.

이런 일은 지난 1년 동안 비일비재했다. 학교 안의 척박한 땅에서는 필 가능성이 거의 없는 금난초가 약대 오르는 산길에서 발견되었을 때, 앞의 참나리 사건도 있고 하여 꽃 피기 전까지는 사람의 눈에 띄지 말도록 묵은 나뭇잎으로 꼭꼭 덮어놓기도 했건만 여지없이 대궁이 딱, 부러져 있었다. 학교 상징석 옆 사철나무 울타리에 넝쿨을 뻗은 하늘타리도 그랬고, 문대 화단에 핀 이질풀도 그랬다. 어떤 것도 자연사라는 축복은 주어지지 않았다. 이쯤에서 우리 모두는 철학자가 된다. 인간과 자연과의 관계에 대해, 그리고 교환가치만이 존재하는 이곳에서 자연적 대상을 인간과 새로운 관계로 정립시킬 방법에 대해 고민하지 않을 수 없고, 이 고민 끝에서 책을 읽거나 카메라를 들게 된다. 어리석게도 처음엔 카메라가 좋은 무기인줄 알았다. 열심히 찍고 기록하는 것이 이 고민을 해결할 수 있는 하나의 방법이 되어줄 거라고 생각했다. 그랬는데, 찍어놓은 사진들을 보면서 나는 생각지도 못한 또 다른 절망과 고민을 안지 않으면 안 되었다.

    사진 속에는 꽃이 있는 것이 아니라 사람들에 대한 증오로 가득 찬 내 자신의 얼굴만이 오도카니 자리잡고 있었다. 모든 사진들은 심한 접사(close-up)와 낮은 심도로 꽃잎만을 남기고 그 꽃잎을 피워낸 잎들을 저 멀리에서 희미하게 죽어가게 방치하고 있거나, 잎들이 살아있을 때조차 그 꽃들이 함께 살고 있는 주변들을 모조리 지우고 있었던 것이다. 다시 말해 무엇을 찍기 위해서는 그 무엇 이외의 것들을 죽여야 한다(out focusing)는 매우 강력한 양자택일적 논리를 우리는 은연중에 실천하고 있었던 셈이다. 그리고 이 메커니즘은 나의 증오감과 카메라의 공모를 통해 점점 강력해져 왔을 터이다. 알고 보면 카메라의 렌즈라는 것 자체가 세상의 모든 사물 위에 군림해 온 인간중심주의에 의해 탄생되고, 그것을 실천하는 과정 속에서 발전해 온 역사적 산물임에 틀림없다. 그러므로 사진 속에는 세상에 실재하는 꽃이 있는 것이 아니라 내 욕망을 표현해 줄 대상으로서의 꽃만이 매우 인위적인 모습으로 담겨 있을 수밖에 없었던 것이다.

    정직한 사진은 꽃에 대한 맹목적인 열정만으로 성취되는 건 아닌 모양이다. 오히려 필요한 건 성급한 열정을 죽이고 꽃을 오랫동안 들여다보는 묵언의 시간일 것이다. 야생화만큼 키를 낮추고 작은 미풍에도 마구 흔들리는 가냘픔을 이해하고, 그리고 "바람보다 먼저 눕고 바람보다 먼저 일어나는" 강인함을 체득했다고 느껴지는 순간, 찰칵.

    브레송처럼 무심히, 최민식처럼 강렬하게.

2008년 가을, 화명동

귀신조차 떠나는 이곳

몇 해 전 「안시(Annecy) 국제 애니메이션 페스티발」에서 그랑프리를 수상했던 〈마리 이야기〉(이성강, 2002)는 서정적인 이야기와 파스텔 톤의 질감으로 우리를 흠뻑 매료시킨다. 특히 빌딩이 숲을 이룬 한강변을 갈매기의 수직부심으로 그려낸 오프닝 시퀀스라든지 고즈넉한 바닷가의 등대를 한순간에 환상의 세계로 탈바꿈하는 장면은 그야말로 압권이다. 이러한 느낌은, 도시인이라면 누구에게나 있기 마련인 과거에의 채색된 향수를 포근히 감싸주기 때문이기도 하지만, 수작업이어야 가능한 공교한 질감으로부터 배어나오는 작가적 성실함이 불현듯 감동으로 밀려오기 때문이다.

하지만 이 영화는 나에게 감동만이 아니라 매우 특이한 경험까지 제공했던 것으로 기억된다. 영화를 본 며칠 후, 글을 쓰기 위해 머릿속의 줄거리를 떠올리려 했지만, 도대체 이야기의 가닥이 잡히지 않았던 것이다. 영화의 전반부에 비해 후반부는 더욱 오리무중이었다. 나만 그런 건 아니었던 모양이다. 다들 뜬구름 잡듯이, "그 무엇이냐, 신비한 소녀가 있었고, 아주 부드러운 털을 가진 큰 개가 있었고, 귀여운 고양이와 바다가 있었다" 정도로 떠듬떠듬, 이야기(서사)가 아니라 스틸사진을 보듯 장면 장면을 넘기는 수준이었다.

 그러다가 일전에 임창재 감독이 만든 〈하얀방〉(2002)이라는 공포물을 비디오로 보게 되었다. 단자화된 현대인들의 공적 도덕성을 문제 삼고 있는 이 영화는 현대인의 일상적 소통도구인 인터넷을 공포의 생산 공간으로 지목하고 있다는 점에서 특히 주목을 받았다. 특정 사이트에 접속하는 사람이면 모두 이유 없이 죽음에 이른다는 미스터리로부터 관객들의 호기심을 자극하고, 이것을 젊은 여성들의 무책임한 낙태라는 사회적 문제로 연결시킴으로써, 이 영화는 귀신이라는 존재가 먼 옛날 〈전설의 고향〉으로부터 오는 것이 아니라 과학적인 현대문물의 이기 속에서도, 일상적 삶이 모순을 내포하기만 하면 언제든 출몰할 수 있는 것임을 우리에게 증명한다. 그런 의미에서 이 작품은 처키라는 인형귀신을 내세우는 톰 홀랜드 감독의 〈사탄의 인형〉 시리즈와 그 문제의식을 공유하고 있음을 알 수 있다. 〈하얀방〉이 현대에 들어 급격히 분망해지고 있는 성문화에 대한 도덕적 해이를 꼬집고 있다면, 〈사탄의 인형〉은 부부의 맞벌이로 인해 소외된 미국가정 어린아이들의 복수와 공포를 정당화함으로써 이 두 작품은, 공포의 발생지로 철저히 도시적 삶과 그 삶이 영위되는 도시 공간 내부를 지목하고 있다는 점에서 공통점을 지닌다. 그리고 이런 발상은 급격한 근대화로 인해 자연의 질서에서 완전히 이탈해 버린 도시인의 무의식적 공포를 노정하고 있다는 점에서 특별한 관심을 환기시키기도 한다. 다만 〈사탄의 인형〉에 비해 〈하얀방〉이 이 참신한 발상을 백분 활용하지 못한다는 건 큰 아쉬움으로 남는다. 하나의 결정적인 예로, 주인공 수진이 아이들의 원혼으로 가득 찬 1318호에 들어가고 난 후부터 거푸 연출되는 일련의 장면들은 특히 그러하다. 바야흐로 공포가 절정에 이를 지점에서, 귀신이 출몰할 장소라고 이해하기엔 도저히 어려운 공간이 매우 작위적으로 제공됨으로써 이 작품은 공포는커녕 오히려 조악하다고 표현해야 마땅할 상황들을 남발한다.

 그 공간은 마치 〈존 말코비치 되기〉에서처럼 도저히 있을 수 없는 공간—대부분의 아파트 화장실 천장에는 하수관을 점검할 수 있도록 개폐가 가능한 창이 하나 있는데, 이 영화에서는 이곳으로 주인공이 드나들 뿐 아니라 이곳과 연결된 큼직한 방에서 수진은 아이들의 원혼을 만나 이야길 하곤 한다. 영화를 본 사람이라면 다들 그 공간의 비현실성과 모호함에 의구심을 떨쳐버리기는 어렵다. 영화는 온갖 공포의 기호들(음향과 과장된 카메라워킹, 색채, 조명 등)을 들이밀고 있지만, 그런 요인들 때문에 몰입은 결코 보장되지 않으며, 귀신영화인데도 전혀 공포가 생산되지 않는 것이다. 당연하지 않는가. 귀신이란 건 언제나 나올 만한 곳에서만 나오는 법. 일테면 공동묘지라든지 으슥한 복도, 변소, 텅 빈 학교 교실, 깊은 연못 같은, 일상과 결코 분리되지 않으면서도 억압이 실행되고 있고, 그러면서도 낮의 합리적 욕망이 필연적으로 짓밟기 마련인 불합리한 타자들의 고통이 떠도는 곳.

문제는 〈마리이야기〉의 특이한 경험과 〈하얀방〉의 실패 사이에 모종의 공통점이 있다는 사실이다. 한마디로 말해 이들 영화는 현실 공간과 너무 멀어졌기 때문에 상상의 깊이를 충분히 제공하지 못한다. 〈마리이야기〉만 해도, 소녀는 신비하기는 한데, 내 삶의 기억 저 밑바닥에 감추어진 단단한 시간의 밀도를 뚫지 못하고, 커다란 개는 귀엽기는 한데 너무 비현실적이거나 이국적(?)일 뿐이다. 환상 속의 공간도 마찬가지. 그러니 영화 속의 시각적 이미지는 보이는 게 다일 뿐 관객들의 삶의 경험을 불러 모으지 못하기 때문에 '깜짝쇼'에 그치고 마는 것이다. 미야자키 하야오의 애니메이션들이 마니아층을 형성하면서 영화뿐만 아니라 역사, 생태, 도시학, 근대성 담론 등으로 끝없이 그 외연을 확장해 가는 데 비해 〈마리이야기〉는 애니메이션 제작 기술이라는 국면을 제하고는, 우리 현실과 소통할 여지가 매우 좁다는 데 문제가 있는 것이다.

그런데도 이러한 한계가 권위 있는 국제영화제에서 그랑프리를 수상하는 데 장애 요인이 되는 건 아니다. 어쩌면 국제영화제이기 때문에 이 한계는 묵과되기까지 한다. 어차피 심사에 참여하는 서양인들이 우리의 구체적인 현실에 해박할 것이라 기대하기는 어렵고, 여기에다가 동양에 대한 그들만의 특이한 세계관(오리엔탈리즘)까지 가세하면, 정작 제 나라에서는 무국적적이고 비현실적이라고 지적되는 작품일지라도 오히려 그 모호한 환상성 때문에 역으로 상찬되는 기이한 현상까지 발생하기도 하는 것이다. 사실상 〈마리이야기〉의 모호한 공간과 캐릭터 이미지는 미야자키 하야오의 그것들과 매우 흡사하다. 물론 이성강 감독을 표절이라는 말로 비난하려는 의도는 전혀 없다. 이러한 유사함은 감독 한 사람의 능력으론 어떻게 해볼 방도조차 없기 때문이다. 이러한 점에서는 〈하얀방〉도 마찬가지이다. 귀신이 나올 만한 공간을 찾아서 아무리 둘러보아도 도시에 살고 있는 우리 주위에 그런 장소는 거의 지워져 소멸해 버렸다. 그러니 이야기를 진행시키기 위해선 어쩔 수 없이 황당한 공간이라도 급조하지 않을 수 없는 것이다. 그러므로 영화가 실패하는 이유를 전적으로 감독에게만 돌리는 것은 이치에 맞지 않다. 오히려 감독이 사회를 향해 화를 내야 할 형편이다. 귀신조차 제대로 간수하지 못한다고 말이다. 과장이 아니라, 이 땅은 귀신도 환상도 모조리 사라진 그야말로 불모지, 디스토피아임이 틀림없고, 우리는 이제 귀신조차 수입해 와야 하는 처지에 놓여 있다.

그렇다면 귀신은 어디서 어떠한 모습으로 우리 속에 깃드는 것일까? 다시 〈사탄의 인형〉으로 돌아가 보자. 이 영화는 시종일관 컨베이어 시스템이나 절삭기, 분쇄기 같은 기계로 가득 찬 공장 안에서 이야기를 전개한다. 앞에서 이야기한 것처럼 이런 삭막한 풍경은 스위트홈으로 표상되는 가정의 따뜻한 온기와 완전히 대립되는 이미지이다. 말하자면 이 영화를 관람하게 될 성인관객(미국에서 이 영화는 R등급임)들에게 공장은 자신의 자식들을 방치하게 만드는 원망의 공간이자 그럼에도 불구하고 일상을 영위해 나가기 위해 어쩔 수 없이 자신의 노동력을 팔아야 하는 공포의 공간이기도 한 것이다. 처키가 아이의 외형을 하고 있는 것과 혼인한 여성을 주된 공격 대상으로 삼는 것, 그리고 마지막에 가서 그 여성을 구원하는 자 또한 자기의 아이들이라는 건 그런 의미에서 아주 설득력 있는 설정이라고 할 수 있다.

이젠 어림짐작으로도 맞출 수 있을 것이다. 귀신은 아무 데서나 불쑥불쑥 출몰하는 게 아니다. 음침하다고 마구잡이로 나타나는 것도 아니다. 귀신은 한 사회가 소중하게 여기는 가치가 사라질지도 모른다는 집단적인 무의식이 논리의 빈틈을 비집고 튀어나오는 일종의 경고 신호이다(공포 장르는 남성들보다 여성들, 특히 사회적 금기에 대해 민감하게 반응하는 십대 여학생들에 의해 주로 소비되는 장르이다. 어린 여학생들은 귀신영화를 보면서 손으로 눈을 가리면서도 그 틈새로 공포를 즐긴다.

이는 귀신이라는 공포를 통해 사회화가 필요한 아이들에게 독특한 도덕적 쾌감—공포를 통한 카타르시스—을 제공해 온 오랜 역사를 가진 도덕 교육의 한 전형적 방법이다). 말하자면 개개인의 의지만으로는 막을 수 없는, 상실되고 있는 가치의 회복을 꾀하고자 초인적인 힘을 불러오려는 것이고, 이것이 바로 공포영화가 하나의 장르로서 대중 속에 파고들 수 있는 기본적 동력이다.

그런데 여기엔 반드시 짚고 넘어가야 할 문제가 있다. 모든 사회 구성원들이 바라지도 않는 일(특정한 가치의 훼손)이라면 그런 일은 발생하지 않아야 옳은데도 그런 일은 늘 발생한다는 사실이다. 왜냐하면 지켜야 할 가치와 먹고 살아야 하는 문제는 자주 상충되기 때문이다. 〈사탄의 인형〉에서처럼 가정의 행복도 중요하지만 돈을 버는 일도 중요하다는 것이고, 이 둘은 화해하기가 어렵다는 뜻이다. 그래서 이 두 공간(가정과 공장)의 경계에는 늘 살얼음이 얼어 있다. 서로 부딪히기만 하면 언제든 다툼이 일어나고 조마조마한 위기감이 항상 안개처럼 피어오른다.

흥행 대박이 났던 〈살인의 추억〉(봉준호, 2003)을 떠올려 보자. 실제 십 수 년 전에 발생했던 사건이기도 하지만 왜 하필 '화성'이라는 공간이 연쇄살인사건의 주무대였을까? 아마도 영화가 흥행에 성공했던 건 이 물음에 대한 답이 아주 명쾌하게 제공되었기 때문일 것이다. 지금 막 익어가고 있는 수확기의 벼가 더 넓게 펼쳐진 풍요로운 들판과 썩어가고 있는 여자의 처참한 시체를 대비시키고 있는 오프닝 시퀀스는 이 영화의 분위기를 단번에 보여준다. 그리고 곧 이어 비오는 날의 하늘을 유령처럼 치받들고 있는 무시무시한 구조물, '돌가루 공장'은 이제 막 펼쳐질 사건의 징후로는 손색이 없다. 일테면 농사를 주업으로 살아가고 있는 동네에 기계와 공장이 들어섰고, 그러니 서로 화합할 수 없는 두 세계가 상치되어 버린 것. 살인은 그러므로 이 두 세계의 충돌, 혹은 그 두 공간의 경계에서 발생하는 것이다. 이게 바로 화성이라는 공간이 갖는 독특한 의미이다. 영화는 영리하게도 두 공간의 이 특별한 의미를 그대로 형사들의 성격으로 옮겨놓기까지 했다. 송강호는 그야말로 시골형사의 전형이다 ("우리가 무슨 FBI야? 걔네들이 왜 과학수사를 하는지 알아? 땅덩어리가 넓으니까 과학적 수사를 할 수밖에 없는 거야! 과학적 수사는 무슨 얼어죽을 과학 수사! 여기선 가만히 앉아만 있어도 누가 범인인지 다 알아"). 하지만 서울에서 온 김상경은 다르다. 비인간적인 과학수사를 최고의 신념으로 삼는다. 이 두 인물의 성격과 화성의 양분된 두 공간의 성격은 그대로 일치한다. 그뿐 아니라 이 영화의 미덕은 우리 사회의 전통적인 삶의 방식이었던 농본위적 삶을 산업화된 삶보다 상대적으로 우위에 두고 있다는 사실이다. 공장은 늘 부정적인 이미지로 제시되고 있고, 그리고 무엇보다 과학수사를 외치던 김상경이 종국에는 오히려 촌놈 송강호를 그대로 빼닮는다는 것으로 그것을 증명한다. 비록 공장과 논 사이를, 가장 근대적인 표상이라고 할 철로가 가로지르고 있음으로써 앞으로 화성이 전통적인 삶의 방식을 그대로 유지하기 어려울 것이라는 사실을 분명히 예증하고 있지만 말이다(이 영화에서 철로는 우리의 근대적 삶이 복잡할수록 더욱 모호해지는 삶의 진실을 그대로 반영함으로써 극히 불길하고 음험하게 표상화되었는데, 이를 또 박해일은 매우 탁월하게 내면화해 보여 준다).

  이 영화가 귀신영화는 아니지만 한 편의 영화가 어떻게 현실적 공간을 제대로 활용할 것인지 그 모범이 되기엔 전혀 부족하지 않은 작품이다. 주지하다시피 영화는 시각에 의존하는 미디어이고, 그런 만큼 현실적 공간의 개입이 거의 불가피한 예술 장르이다. 〈마리이야기〉와 〈하얀방〉이 그랬던 것처럼 추상적이고 모호한 공간은 관객의 경험을 이끌어내지 못하기 때문에 늘 실패가 예견된다. 공간은 시간의 묵은 때를 듬뿍 담고 있어야 한다. 〈살인의 추억〉에서 그 다양하고도 특이한 인간형들이 살아 움직일 수 있었던 것도 공간의 힘이고, 〈사탄의 인형〉처럼 기계들로 가득 찬 공장이 엽기적인 공포의 장소로 바뀔 수 있었던 것도 그것이 일상적이고도 현실적인 스위트홈에 의해 지탱되고 있기 때문이다. 다시 말해 공포는 안정의 대척점이고 사건은 일상의 두려운 결여이므로 귀신이 제대로 뛰어 놀려면 반드시 안정과 일상을 담보하고 있는 현실 공간에 대한 핍진한 묘사가 수반되어야 하는 것이다.

  아직까지는 우리 영화가 그럭저럭 잘 나가고 있다고는 하지만 대부분의 흥행영화가 엽기 코메디, 조폭 기획 영화에 한정되어 있다는 건 좋은 징조가 아니다. 그런 영화들은 곧 소재의 고갈에 봉착할 것이고, 고정 관객들의 지속적인 호응을 얻어내기 위해서라도 감각적 강도를 더욱 높이는 방도 말고는 달리 해법도 없다. 이러한 사정은 타 장르에서도 마찬가지이다. 그 이유는 우리의 근대화 과정이 시간의 때가 묻은 전통적 공간을 너무 쉽게 폐기처분해 버렸다는 데 있다. 초가집도 고치고 도로도 넓히고 도시의 주거공간은 모두 아파트로 바뀌었으며, 갯벌은 죽여 토지로 만들고 산은 깎아 없애고 낡은 건 모두 새것으로 바꿈으로써 하늘 아래 모든 공간을 찍어내듯이 똑같이 만들어버렸으니 다양한 사람들의 다양한 이야기가 어디에 깃들 수 있을까. 꼭 옛것만이 좋다고 주장하려는 건 아니지만 〈주만지〉의 다락방도 없고, 다양한 존재들이 공존할 〈디 아더즈〉의 낡은 집도 우리에겐 없다. 다시 말해 다락방이 없다는 것을 아쉬워하는 것이 아니라 내 어린 시절을 기억하게 해 줄 공간, 지난 시절의 상처를 통해 오늘을 되돌아볼 거울로서의 과거, 그리고 무엇보다 낡았지만 여전히 유효한 삶의 가치를 재생산해 줄 아버지의 공간이 망실되어 버렸다는 건 끔찍한 일임에 분명하다. 그런 공간이 없고서는 아버지는 다만 늙고 힘없고 세태에 뒤진 보잘 것없는 늙은이에 불과할 뿐이다. 공간이 너무 쉽게 새것으로 바뀌면 오로지 현재의 합리적인 가치만이 절대화되고 나 자신을 반성해 볼 여지는 깡그리 사라져 버리는 것이다.

도시공간에서 유독 폭력이 난무하는 것도 그 때문이다. 그런 의미에서 마틴 스콜세지(〈갱스 오브 뉴욕〉을 기억하라)는 정말 존경해야 할 감독임에 분명하다. 150여 년 전 미국이라는 신대륙을 찾아갔던 자신의 아버지들의 삶을 뉴욕이라는 공간을 통해 끝없이 탐구해 온 그의 필모그래프는 좁게는 뉴욕이라는 도시 속의 롱아일랜드라는 지역의 이탈리아계 이주민의 삶을 추적하는 것이지만, 넓게는 이 공간이 어떻게 그들을 미국인으로 만들었는지를 묻고 있으며, 그 결과 자신의 공간과 그 속에서 형성된 문화를 소중히 여길 수 있게 됨으로써 자신과 다른 다양한 미국인에 대한 폭넓은 수용성을 마침내 얻게 되는 것이다.

이는 지브리 군단의 놀라운 성과, 특히 〈센과 치히로의 행방불명〉에서도 매우 간명하게 제시된다. 이 영화는 이사 온 마을 한 켠의 유폐된 놀이공원으로부터 이야기를 시작한다. 도시가 확장되면서 급조되었다가 사람들로부터 잊혀지면서 방치되어

버린 공간, 놀이공원이 바로 복수를 시작하는 것이고, 귀신들이 살고 있는 그곳에 들어감으로써 '치히로'는 자신의 이름을 잊고 '센'이 된다(치히로/'千尋'라는 이름에서 '尋'을 빼면 일본어에서는 센/'千'으로 읽힌다. 그야말로 센을 찾을 땐 치히로이고, 이 찾는 행위를 포기하는 순간 센이 된다). 예전의 제 이름을 잊어버리면 귀신들의 세계에서 빠져나올 수 없어 영원히 온천장 때밀이로 살아야 하는 운명에 처한 치히로는, 다행히 하쿠와 가마할아범의 도움으로 인간의 세계로 돌아오지만, 만일 지금 우리들이라면 치히로와 같은 행운을 기대하지는 못할 것이다. 새 것만을 취하고 헌 것은 모두 버리고, 하쿠가 살아야 할 하천은 늘 더럽혀지고 있으며, 자연과 함께 더불어 살아야 한다는 사실을 늘 잊고 사는 우리는, 귀신이 무섭다고들 말하고 있지만, 사실 귀신이야말로 사람이 얼마나 무서울 것인가.

2008년 봄, 장전동

외부를 꿈꾸는 인문학

1961년 5·16 군사정권이 들어서면서 새 정권은 대대적인 대학개혁을 단행했다(일명 대학정비령). 이들이 꿈꾸었던 건, 그럴 수만 있다면 이 나라를 바둑판처럼 반듯하게 규격화하는 것이었다. 길을 넓히고 가옥구조를 개조하는 것은 물론, 누구나 똑같은 시각에 일어나고 똑같은 시간에 자기를 강요하는 생체권력을 행사했다. 밤 12시부터 집 밖 출입이 금지되는 통행금지가 있었고(이 제도가 없어진 건 82년 2월 5일이다), 몇 해 전까지만 해도 밤 10시엔 〈사랑〉이라는 이름을 달고 청소년의 귀가를 재촉하는 방송이 흘러나왔다. 그리곤 새벽 6시경이 되면 쓰레기 수거차의 끔찍한 기상 차임벨 소리가 어김없이 온 동네를 들쑤셔댔다. 하지만 이 소음이 얼마나 지독했는가는 지금 문제삼지 말기로 하자. 오히려 문제가 되는 건 이 나라 국민들을 자신들의 생각대로 길들이고 조종할 수 있다고 믿는 그 전제적인 발상이니까. 그 정도였으니 이 나라를 바둑판처럼 규격화하려는 의지는 대학이라고 피해가지는 않았다. 이미 그들의 계획 속엔 온 국토가 기능적으로 분할되어 있었을 터이니 대학개혁은 아무 고민 없이 거침없이 강행되었다.

— '명령과 수행' 말고 그 어떤 다른 소통 절차가 있을 리 없었으므로 대학의 특정 학과들은 하루아침에 통폐합되거나 사라졌으며, 혹은 이사를 가야했다. 이사라니? 그렇다, 이사. 예를 들면 이렇다. 대학정비령으로 표현되는, 교육에 대한 국가통제권력은 대학 내의 사학과나 철학과 등 인문학 전공학과를 폐지시키거나(교양학부로 통합), 그들이 지정한 어느 특정 학교에 몰아넣기도 했는데(이를테면 특정 학과는 특정 지역에 하나만 인정한다는 식), 심할 경우 부산 소재의 대학 내 학과가 대구에 있는 대학과 통합되기도 했다. 대학 자체의 자율성은 조금도 허용하지 않았던 이러한 정치적 폭력은 효율성만을 고려한 참으로 천박한 근대적 발상으로부터 비롯된 것이다.

— 그들의 머릿속엔 국토가 마치 하나의 큰 기계와 같은 것이었을 것이다. 높은 곳에서 내려다보면서, 국토의 여기는 이 기능을, 저기는 저 기능 '만'을, 하는 식으로 기능을 분배했으며, 지역 자체가 하나의 독립된 자율적인 조직체가 되는 것을 금했다. 기계는 오직 하나일 뿐이니, 잡다한 것은 곧 악으로 규정되었던 것이다. 그런 생각이 그대로 반영되어 나온 것이 바로 '국토개발계획'이다. 부산은 경공업단지, 울산은 중공업단지, 전라남도는 화학단지라는 식으로. 그러니 부산 소재의 대학에 중공업과 관계된 학과가 설치되어 있다는 건 말도 안 되는 소리였고, 그 즉시 그 학과는 대구로 쫓겨 갔다. 왜 울산이 아니고 대구냐고? 당연히 울산에는 대학이 필요 없는 노동자들의 땅이었으니까.

— 이런 상황이었으니 인문학인들 제대로 기능할 수 있었을 리가 만무했다. 아직 인문학이 민족주의적 학문으로서의 기틀을 제대로 세우지 못한 때여서도 그랬겠지만, 〈4월혁명〉을 통해 이제 막 생성되고 있었던 인문학적 욕망조차 대학정비령이라는 단칼에 싹이 잘려나갔다. 그리고 그 자리는 잽싸게 〈교양학부〉로 대체되었다. 말하자면 현실에 대한 구체적이고 깊이 있는 사유는 금지되었고, 다만 국가가 제공하는 방식대로의 생각과 그에 맞는 폭과 깊이만이 허락되었던 것이다. 그러므로 일명 〈국민윤리〉로 불린 대학 내 필수과목은 다양한 강좌 중의 그저 그런 하나가 아니라 오로지 하나(the One)인, 혹은 그 강좌로부터 모든 강좌를 정의해야 하는 가치판단의 정점에 위치한 과목이었다. 다시 말해 〈국민윤리〉는 말 그대로 인간간의 관계 개념을 나

타내는 '윤리'를 '국가'의 하위 개념으로 설정한 것이고, 이를 대학 필수강좌로 지정했다는 건 그 외의 어떤 학문도 국가이익(누구의 국가인지는 모르겠지만)에 위배될 수 없다는 것을 분명히 한 것으로 이해할 수 있다. 그런 판국이었으니 대학 내에 군대가 늘 상주하거나 〈교련〉이라는 교과목이 필수과목이었다는 것, 그리고 학도호국단이라는 군대조직이 학생회를 대체했다는 사실 등은 새삼 강조될 필요조차 없는 것들이다.

군사정권이 생각했던 대학과 교양은 지극히 단순 명료한 것이었다. 국가이익을 위한 전문 기능인을 생산하는 것이 대학이고, 그러한 생각에 대해 전혀 반성과 회의를 갖지 않도록 독특한 신념체계를 학생들의 뇌에 프로그래밍하는 것이 교양이었다. 마치 워쇼스키 형제들이 만든 〈매트릭스〉의 세계를 상상하게 하는 이러한 국가통제시스템은 참으로 끔찍한 것임에 분명한데, 그렇다 하더라도 이 자리를 빌려 다시 한 번 강조되어야 할 사실은 학문적 자율성이 사라졌다는 것이 문제가 아니라 (어떤 자본주의 사회도 이런 낭만적인 자율성은 존재하지 않는다) 국가의 형태를 자의적으로 규정하는 특정 집단/정권의 그 권력의 임의성이다.

사실상 근대국가의 형성과 함께 탄생한 대학이라는 제도가 그 궁극적인 이념으로서의 민족주의를 벗어나기 어려운 건 당연하다. 그러나 특정 권력에 의해 민족주의가 발현될 수 있는 통치방식이 자의적으로 규정되는 건 절대 가능해서는 안 된다. 인문학이 필요한 이유는 바로 여기에 있는데, 인문학의 가장 중요한 기능 중의 하나가 현존하는 현실 국가의 바깥에서 사유함으로써 우리들의 삶이 보다 자유롭게 그 형태를 찾아갈 수 있도록 선택의 다양성을 확보하고 제시하는 것이기 때문이다. 그러므로 군사정권의 인문학 탄압은 '탄압'이라는 말이 갖는 그 폭력의 강도 때문에 문제가 되는 게 아니라 국민이라면 당연히 가져야 할 통치형태에 대해 논의할 수 있는 권리를 박탈했다는 사실 때문에 문제가 된다(권리의 박탈뿐만 아니라 아예 이것이 권리라는 사실조차 깨닫지 못하게 만든다). 따라서 이 문제를 자칫 혼동하면 요즘 세간에서 입씨름감이 되곤 하는 문제, 예컨대 "그래도 박정희정권 때문에 이만큼이라도 살 수 있게 되지 않았느냐"는 식의 초점이 빗나간 마치 사오정 식의 논의로 옮겨가 버리고 만다. 사실상 이런 주장을 펼치는 사람들은 하나만 알고 둘은 모르는 사람이기 쉽다. 마치 시화호에 대해 오로지 경제논리로만 접근하려는 견해와 마찬가지로, 이들은 국민의 의사결정 권리가 포기당할 때 어떤 참혹한 결과가 기다리고 있는지를 전혀 예측하지 못한다.

우리들의 삶을 통계학적 수치로 나타낼 수는 결코 없으며, 설혹 그럴 수 있다 하더라도 한번의 행복 뒤에 닥쳐올 불행의 긴 그림자까지를 예견하지 못하는 한, 현재의 행복(국민적 주체를 박탈한 대가로 주어진 빵과 배부름)은 인식적 오인일 뿐이다. 한번 돌아보라. 만일 군사정권이 베푼 식탁이 풍성한 것이었다고 가정한다 치더라도 우리는 지금까지 그 식탁의 풍성함 때문에 얼마나 오랫동안 찢겨져 싸워왔으며, 그 결과로 인해 앞으로 또 얼마나 많은 돈을 쏟아 부어야 찢겨져 상처난 몸둥이를 온전히 치유할 수 있겠는가 말이다. 단순 계산만으로도 지금 우리 앞에 차려진 밥상보다 더 엄청난 비용을 그 분열의 대가로 지불해야 할 것은 뻔한 노릇이다. 말하자면 계층 간의 경제적·심리적 단절은 말할 것도 없고 지역간의 분열, 세대간의 단절, 대학간의 서열화 등으로 빚어진 사회적 고통을 해소하기 위해 쏟아 부어야 할 비용은 복지라는 용어로는 절대 표현되어서는 안 되는, 전적으로 정치적 후폭풍으로 초래한 손실이 아닌가.

현재 우리의 인문학은 이에 대한 후유증을 그 어느 학문보다 훨씬 심각하게 앓고 있다. 일부에서는 〈인문학의 위기〉라는 식의 아주 세련된 포스트모던한 담론으로 이를 표현하고 있지만, 정작 이들의 입바른 논리 속엔 정말 중요한 문제가 늘 간과된다. 그들의 논리를 단순화하면, 지금까지의 인문학은 지나치게 근대적 지식으로 무장되어 있어서 새로운 물질적 조건(탈근대적 조건) 앞에서 현실을 분석하고 전망할 능력을 상실했다는 것쯤이 되겠다. 물론 우리 앞에 놓인 물질적 조건이 변했다는 사실 자체를 부인할 수는 없다. 하지만 우리의 인문학이 위기에 빠진 주된 이유가 그것만은 아니며, 오히려 그런 이유는 다만 부차적일 뿐이다. 지금 우리의 대학들이 안고 있는 이 위기의 진정한 국면은 앞서도 말했듯 우리의 대학이 삶의 형태를 다양하게 고안해 낼 능력을 거세당했고, 그로 인해 변화하는 역사적 조건에 대해 주체적으로

대응할 자생적 능력을 상실했기 때문이다. 이 문제는 역사적 변화로부터 초래된 위기의 요인보다 당연히 선행하는 것이며 또한 더욱 근원적인 것임에 틀림없다.

 사실상 현재의 포스트모던한 물질적 조건의 변화와 우리의 인문학 고사 사이에는 큰 상관성이 없다. 오히려 문제가 되는 건 이 변화에 적절히 대응할 수 있는 제도적 유연성을 우리의 대학들이 전혀 갖지 못하고 있는 데 있을 것이다. 마치 과거의 정권들이 천박한 근대화론을 펼치면서 세상을 온통 바둑판처럼 반듯하게만 만들고지 했던 것처럼 우리 대학들 역시 양적 팽창과 쌍둥이처럼 똑같은 조직으로 세월을 견뎌오는 동안 전체성(totality)이 결여된 전문성만을 잔뜩 양산하게 되었던 것이다. 산동네를 밀어내고 그 자리에 반듯반듯한 고층 아파트가 들어서기는 했지만 이미 자신들의 과거, 혹은 정체성의 표식을 지워버린 그 자리에서는 스스로에 대한 어떠한 질문도 허용되기 어렵듯, 견고한 벽으로 자신을 둘러싼 전문성이란 제 곁의 타인들과 대화하는 법을 상실하게 마련이다. 인문학이 고사하는 건 바로 이런 이유 때문이다. 이 견고한 벽 너머로 타인에게 말 걸기는 수월치 않다. 하지만 경계를 허무는 것이 가능하지 않다면, 이제 우리는 '유령처럼' 경계를 부수지 않고 통과하는 법을 익혀야 할 때가 되었다.

1999년 여름, 대청동 광복기념관 창문 사이로 보이는 충혼탑

순정만화의 힘

만화라는 매체는 문학과는 여러모로 다르며, 아무리 아니라고 강변한다 해도 통념상 장르적 우열은 분명해 보인다. 설혹 좋은 만화가 질 나쁜 문학작품들보다 더 유용하다는 사실을 받아들일 때조차 사람들은 그건 다만 예외일 뿐이라고 말한다. 이러한 통념이 통용되는 건 문학 혹은 만화가 소비되는 방식에 대한 어떤 믿음 때문이다. 말하자면 그 각각의 것들이 어떤 내용을 담고 있는가는 크게 문제되지 않는, 오히려 항상 논의의 관건이 되곤 하는 그것들의 소비패턴에 관한 것 말이다. 이미지는 문자에 비해 왠지 열등해 보이고 그 때문에 전달되는 내용 또한 덩달아 조잡하거나 기껏해야 '심심풀이 땅콩'에 불과할 것이라는 근거 없는 믿음들. 하지만 이러한 통념은 그다지 신뢰할 만한 것이 못된다. 적어도 내가 보기엔 이 상식적인 믿음이 오히려 대중들의 다양한 의사소통의 통로를 차단하고 있는 것처럼 보인다.

그만한 이유로 나는 문학전공수업 안으로 만화장르를 자주 끌어들인다. 그것도 순정만화를. 순정만화를 유달리 강조하는 건 이 장르만큼 억압된 여성성을 그대로 재생산하는, 흉악한 놈도 달리 없겠기 때문이다. 우선 순정만화의 그림선은 결코 망설임 없이 상식적 이미지를 재현한다. 이두호나 박재동 같은 작가들처럼 굵고 거친 선으로 사물의 윤곽을 잡고 여기에 자잘하고 세밀한 선으로 사물의 표정을 포착하는 전통적인 재현의 절차를 순정만화는 결단코 무시한다. 다시 말해 순정만화는 그저 상식적 이미지에 순응할 뿐 상식에 대한 저항은 생각지도 않는다. 뿐만 아니라 순정만화는 이 상식적 이미지를 우아한 디테일로 뻥튀기기까지 한다. 전혀 인체비례가 고려되지 않은 기다란 팔과 다리, 칼날처럼 뾰족한 콧대, 과장되게 영롱한 눈빛, 엉덩이까지 내려오는 웨이브진 머리카락, 레이스로 가득 치장한 옷자락 등. 이렇듯 타인의 시선에 사로잡힌 아름다움을 향한 욕망은 끝간데없이 부풀려 있고 그 때문에 최종적인 목표로서의 사랑은 마침내 아주 우연한 방식으로 성취되거나 혹은 그와 동일한 방식으로 좌절되곤 한다. 이런 것들이 바로 순정만화의 필요충분조건은 아니라 해도 필요조건쯤은 된다.

항상 그렇지만 수업은 순정만화의 이러한 장르적 특징들을 신랄하게 비난하는 것으로 시작한다. 박희정의 『호텔 아프리카』를 논할 때도 그랬다. 강의의 주된 톤은 "왜 여자아이들은 그럼에도 불구하고 순정만화에 매달리는 거야? 그리고 왜 자신의 욕망 내부를 들여다 볼 생각을 안 하는 거야?"라는 식이다. 여기서 한 걸음 더 나아가서 나는 또 학생들의 불편한 심사를 조금 더 긁는다(참고로, 수업 듣는 학생들의 대부분은 여학생들이다). "남자아이들의 만화를 봐, 그것들은 외설스럽고 폭력적일 때조차 결코 자신들이 이 땅의 주인이라는 사실을 잊는 법이 없잖아. 걔네들은 즐기면서 지배하는 법까지 배운다구, 알아?" 이 정도까지 이야기가 진행되었다면 이젠 멈추지 말고 갈 때까지 가야 한다. "여권신장? 웃기는 소리하지마! 니네들이 립스틱 짙게 바르고 빨간 손톱 다듬고 있으면 백마 탄 왕자가 와준다고 남자들이 불망기라도 써주던? 그리고 설혹 백마를 탈 수 있다고 쳐, 그럼 그들이 옛다, 하고 제 권력을 한 귀퉁이쯤이라도 나눠줄 것 같애?"

학생들에게 쏘아댄 내 빈정거림이, 깊이 헤아려보지 않아도 얼마나 철저히 남성중심적 폭언인지 난 잘 알고 있다. 뿐만 아니라 순정만화 장르의 더 깊은 심급에는 이러한 비난만으로는 다 헤아릴 수 없는 덕목들이 내재해 있음을 모르지도 않는다.

그런데도 나는 순정만화 장르의 긍정적인 면을 섣불리 내비치지 않는다. 나는, 순정만화 문법의 고유성으로부터 철저히 절망할 만큼의 성적 자각을 그들 스스로가 찾아내기를 바란다. 희망이라는 것도 그러한 절망의 끝자락에서부터 얻어지는 것이 분명할 것이기 때문이다.

박희정의 『호텔 아프리카』는 순정만화 장르의 관습을 크게 벗어나지 않는다. 이야기는 일찌감치 현실공간을 벗어나 미국의 유타와 뉴욕을 작품 공간으로 설정하고 있다. 그렇긴 해도 영 엉뚱한 발상만은 아닌 듯하다. 몰몬교의 가족공동체가 가장 안정적으로 유지되고 있는 곳, 유타(State of Utah). 그리고 그 반대로 개인화된 도시문명의 상징으로 제시될 만한 뉴욕. 작품은 일차적으로 이 두 공간이 내뿜는 긴장을 통해 독자들에게 말을 건넨다. 현재 뉴욕에 살고 있는 주인공 엘비스는 대학을 마치고 그럭저럭 살고 있다. 어차피 이야기는 개인적 성공담과는 거리가 멀다. 대학동창 에드와 줄이 자신들의 일상을 사건화하면 엘비스는 이를 자신의 내면을 매개로 하여 우리들에게 펼쳐 보이는 식이다. 에드와 줄이 사건의 전면에 나서지 않으니 사건의 해결 같은 것은 없다. 다만 끝없이 엘비스의 과거로 회귀하는 것을 우리는 지켜볼 수 있을 뿐이다. 말하자면 뉴욕은 계속해서 갈등을 만들어내고, 유년기의 기억 속 유타는 이를 감싸 안는 구성방식이 바로 이 작품의 가장 뚜렷한 특징이 되는 셈이다. 그러나 기억 속의 유타도 그다지 완전하지 않다. 가난한 흑인 팝 가수를 사랑한 엄마 에델이 엘비스를 사생아로 낳은 까닭에 아버지의 자리는 텅 비어 있고, 그 자리나마 지키려고 버둥대는 에델 곁에 신비한 인디언 청년 지요가 아버지의 울타리 비슷한 것을 둘러치고 있다. 그러므로 엘비스가 현재의 갈등을 해소하기 위해 달려가는 과거의 그곳에는 상상적인 아버지의 빈자리만이 놓여 있을 뿐이다.

그러나 얼기설기 울타리만 쳐져 있을 뿐 그 안은 텅 비어 있으므로, 오히려 그 때문에, 마치 블랙홀이 그러하듯 엄청난 에너지를 가지고 주위의 사물들을 빨아들인다. 속도를 생명으로 하는 뉴욕이라는 공간에서 살아가고 있지만 미래를 향한 엘비스의 행보가 늘 제자리걸음일 뿐 과거의 유타에 그대로 고착되어 있는 건 이 부재하는 아버지의 빈자리로부터 뻗쳐 나오는 힘의 강렬함을 그로서도 어찌지 못하기 때문이다. 그래서 아버지 부재라는 이 블랙홀은 세상의 모든 것들을 다 흡입해 버린다. 흑인, 백인 그리고 인디언, 이성애자와 동성애자, 소외된 자들의 다양하고 자잘한 고통 따위들. 블랙홀 속에서 이것들은 마구 뒤섞인다. 아니, 적어도 엘비스가 상상적 아버지의 빈자리를 자기 스스로 메우려 하는 한 세상의 온갖 것들은 본래의 제 성질을 잃고 혼종화된다. 이 작품의 제목, 『호텔 아프리카』는 그렇게 해서 만들어졌다. 황량한 불모지에 텅 빈 남근처럼 서서, 흘러 다니는 모든 것들을 불러들이는 숙박공간이니 '호텔'이고, 미국 속, 혹은 현대사의 가장 소외된 땅이니 '아프리카'이다. 말하자면 충만함을 꿈꾸지만 항상 결핍되어 있는 곳, 들끓지만 일순간에 텅 비워져 버리는 곳, 그게 '호텔 아프리카'이다.

　　근대의 정신구조 속에 자리잡는 아버지라는 상징성은 늘 이 모양이다. 부인당함으로써 자식에게 자리를 내어주어야 하지만 엘비스에겐 부인할 그런 아버지조차 애초에 없었으니, 아버지와의 대립을 통해 하나의 주체로서 성장해야 했을 엘비스는 대립과 부정은커녕 제 자신이 바로 아버지가 되려 하고 있다. 엘비스가 가련한 엄마 에델을 영영 떠나지 못하는 것도 그 때문이다. 프로이트라면 분명 오이디푸스 콤플렉스를 극복하지 못한 퇴행적 상태라고 말했을 엘비스의 이 모성에의 집착은, 그러나 예기치 못할 윤리적 차원을 얻게 된다. 파괴보다는 생성을, 차별보다는 차이를, 미움보다는 사랑을 선택한다. 팍팍한 세상의 질서가 채 굳어지기 전의 상태에 엘비스의 마음이 머물고 있으니 사회적 타자들에 대한 자기동일시는 세상의 상처를 제 속으로 불러들이고 이를 치유하여 뒤섞어 혼종으로 만드는 데 주저하지 않는다. 이것이 『호텔 아프리카』의 힘이다. 아니, 이것은 모든 여성들의 만화, 순정만화 장르의 고유한 힘이라고 할 수 있다.

　　이 힘은 하나의 목적을 향해 선형적으로 뻗어 나가지 않는다(남성들이 주로 보는 만화는 아주 직선적이다). 엘비스가 뉴욕에 살면서도 시선은 오로지 유타에 고정되어 있듯, 이 힘은 항상 회귀적으로 작용한다. 그래서 순정만화 장르는 말풍선이 늘 비좁다. 일종의 수다처럼 보이는, 특별할 것도 없는 이야기들이 좁쌀처럼 칸칸에 가득 삽입되어 있다. 수다는 그 자체가 목적이다. 시간은 그 순간 정지해버리고 결코 미래의 시간을 향해 뻗어나가지 않는다. 『호텔 아프리카』가 5권으로 되어 있지만 각 권들이 모두 옴니버스형식을 취해 분절된 구성을 취하는 것도 이 작품이 근본적으로 순정만화의 덕목을 가장 깊이있게 통찰한 결과이다.

　　나는 수업 시간에는 순정만화 장르의 이런 덕목에 대해 대체로 함구한다. 이건 나 같은 남성들이 나서서 이야기할 만한 성질의 것이 아닐지도 모르기 때문이다. 마치 모성이라는 현상을 남성들이 담론화함으로써 위험한 지경에 빠져버리듯, 순정만화 장르에 내재된 이러한 윤리적 덕목도 자칫하면 훼손될 아주 민감하고 섬세한 어떤 것임에 틀림없을 것이다. 수업을 마치고 나면 약간의 노기를 띠고 이런 말을 하는 학생이 꼭 한둘은 있다. "실망스러워요! 선생님은 페미니스트는 아니시군요." 이 말에 나는 부인하지 않는다. 하지만 나는 남성들의 지식으로 가득 찬 수업 속에서, 지식을 배우기에 앞서 여학생들이 분노와 절망을 먼저 배워내기를 바라마지 않는 것으로 이를 시인하고 만다.

비평론 첫 시간, 공포의 생산

 모든 첫 수업은 마치 풀 먹여 까실하게 다림질된 모시저고리를 걸쳤을 때처럼 상큼하게 서걱거린다. 하지만 이런 분위기여야만 할 수 있는 이야기도 있는 법이다. 다소 허풍스러운 이야기지만 거부하거나 피하기는 어려운 이야기들, 예컨대 지구를 지키는 '독수리 5형제들'이나 나눌 법한 생태계의 문제나 인터넷이라는 매트릭스에 사로잡힌 각종 오타쿠(お宅)의 주체 문제, 혹은 식상하기 때문에 한없이 인색해지는 계급 문제나 성차에 관한 문제 등. 첫 시간에 던져지는 이런 문제들에 대한 학생들의 답변은 한결같다. 대답의 내용은 텔레비전 시사프로의 일부를 그대로 가져온 듯 대체로 정확하지만 이를 전달하는 학생의 진정성과 핍진함은 찾아보기 어렵다는 것. 첫 수업은 이 간극을 파고든다. 중요한 건 정보의 내용이 아니라 발화자의 위치임을 강조한 후 답변한 학생의 정치적 좌표를 제시하라고 계속해서 요구한다.

 이 요구를 통해 강의자가 궁극적으로 얻고 싶은 것은 상식이라는 가면을 벗고서야 만날 맨 얼굴의 주체이다. 화장에 능한 학생들, 지금껏 부모의 어깨 너머로만 세상을 구경해왔던 학생들로서는 이 요구가 당혹스러울 것이 뻔하고, 그래서 선뜻 나서지 못한다. 하지만 계속되는 집요한 질문은 이를 불식시킬 수 있어야 한다. 그래야만 답이 아니라 제대로 된 질문을 세울 수 있기 때문이다. '나는 어디에 서 있으며, 무엇을 원하는가'를 명시하지 않는다면, 서해에 지속적으로 방류되는 중국의 오폐수에 대해 민족주의라는 자폐적 틀을 넘는 건 어렵고, 노숙자나 오타쿠라는 이 돌연한 주체들의 사회적 의미를 논하는 건 가능하지 않다. 이 가능할 것 같지 않은 길을 찾는 것이 이 강좌의 교육목표이고, 학생들은 그렇기 때문에 지금까지 걸어왔던 길, 사방에 둘러쳐진 철책과 지뢰밭이라는 표식 너머를 의혹으로 바라봐야 한다. 어쩌면 길은 그 너머로 뻗어있을지도 모를 일이다. 이제 상식과 진리는 전도된다.

첫 시간이 지나면 다소 많다 싶을 만큼의 학생들이 수강 정정을 한다. 훗날 이들에게 그 이유를 물으면, 강의내용이 어려울 것 같아서, 라고 말들 하지만, 우리는 알고 있다. 이들이 맨 얼굴을 하고서 세상과 대면할 준비가 아직 되어 있지 않았다는 것을. 프로이트가 히스테리 환자에게서 보았던 것처럼 모든 신경증의 기본적 동력은 공포이다. 마주하고 싶지 않는 것, 그 공포에 대한 방어기제가 히스테리이니 치유해야 할 병인은 히스테리가 아니라 곧 공포이다. 하지만 공포는 쉽게 제거되지 않는다. 아니 쉽게 제거되어서는 안 된다. 이 강좌에서 가장 요긴한 것이 바로 공포이며, 공포를 통해서만 이 강좌는 활력을 얻게 된다. 다만 공포가 발생하는 층위와 계기에 스스로 컨트롤러를 장치하도록 독려해야 하고, 이 조절장치를 통해 강의실 내의 모든 구성원들이 각기 다른 방언을 구사하고 있어 불가능한 소통을 조율할 수 있어야 한다.

아직 미숙하긴 하지만 공포를 공유할 수 있다는 생각이 들 때쯤이면 학생들은 비로소 한 걸음 앞으로 발을 내딛는다. 첫 수업의 서걱거림은 다소 완화되고 우리는 이제 비로소 문학과 문화에 대해 이야기할 수 있게 된다. 그렇다 하더라도 결코 '문학은 무엇인가'라고 물어서는 안 된다. 이런 자기완결적 정의는 도움이 되지 않는다. 공포는 다시 소멸해 버리고 화자의 진술은 다시 하얀 가면의 뒤에서 울려나온다. 그러니 우리는 차라리 '문학은 어디에 쓰는 물건이냐'고 물어야 한다. 왕년에 문학이라는 재현양식은 얼마나 쓰임새가 좋았던 물건이었던가. 지식의 소통은 물론이고 계급간의 소통, 세상의 압축적 제시, 그리고 무엇보다 미래에 대한 전망까지 문학은 못하는 것이 없었다. 하지만 문학이 아직도 그러한 쓰임새을 갖고 있는가. 혹은 문학이 제 자신의 몸을 스스로 길이 되도록 허락하고 있다고 믿고 있을 때조차 문학 자신의 몸이 권력이 된 적은 없는가.

　　이를 위해 강의자는 하나의 일화를 꺼낸다. "족히 30년은 되었지 싶어, 만원 버스를 타고 중학교를 다니던 시절에 말이야, 버스 안에는 참 많은 여대생들이 타고 있었어. 지금은 그렇지 않지만, 그 땐 하고 다니는 모양새만 봐도 단박 대학생임을 알 수 있었지. 여대생들은 모두 책을 가방에 넣어 다니지 않고 가슴에 끼고 다녔거든. 그런데 하루는 말이야. 좌석에 앉아 있는 내 눈에 한 여대생의 책 사이로 김치 국물이 흘러내리는 거야. 자세히 보니 책 표지에는 분명 'Hermann Hesse'라는 저자 이름과 'Narziss und Goldmund'라는 제목이 금박으로 쓰여 있었지만, 눈을 속인 도시락이 분명했어. 아마도 그때 공장엘 가고 있음이 분명한 그 여공은 가난해서 대학을 갈 수 없는 자신의 처지를 그렇게 위장했던 거겠지. 참 슬픈 현실이지 않니? 그런데 말이야, 정말 얄미운 건 여대생들이야. 그 때 여대생들은 읽지도 않을 두터운 원서를 왜 들고 다녔으며, 그것도 가방에 넣지 않고 왜 보란 듯이 가슴에 끼고 다녔던 걸까?"

　　'나르치스와 골드문트'가 계급적 성분 표식이 되던 그 당시, 문학은 참으로 많은 쓰임새를 갖고 있었지만, 동시에 많은 노동자들을 억압하기도 했다. 이제 문학은 그 많던 일을 행하기에는 역부족이고, 그러니만큼 노동자뿐 아니라 대학생들조차 '나르치스와 골드문트'를 몰라도 하등 창피해 하지 않는다. 그럼 그 많은 일들을 이제는 무엇이 수행하고 있을까? 정보를 소통시키고 계급간·세대간 소통의 장을 형성하며, 우리의 미래에 대해 질문을 던지는 것은 무엇인가? 문학? 아니라고는 하기는 어렵다. 하지만 문학만으로는 부족하지 않는가.

　　이 부족함에 대한 대안이 바로 문화이다. 그러므로 문화는 잘 다듬어진 오페라 한 편, 볼거리가 풍성한 영화 같은 것들을 지칭하는 말이 아니다. 그런 것들이 관객들을 그저 텍스트를 소비하는 기계로 만들 뿐이라면, 차라리 공연이 끝나고 자연스럽게 형성되는 뒷풀이 같은 것이 문화의 본질에 더 가깝다. 그런 곳에서라면 사람들은 위계화되지 않고 횡단적으로 서로의 몸과 인격을 타 넘는다. 중요한 건 소비가 아니라 소통이기 때문이다. 예전에 소통의 도구였던 것들은 이제 소통이 아니라 권위를 강요하는 족쇄처럼 작용한다. 문제는 학생들이 이 권위의 족쇄를 자신들의 삶 속에서 끊어버리는 데는 거의 성공했을지라도, 그렇다고 스스로의 소통도구를 생성해 내는 데까지는 이르지 못하고 있다는 사실이다. 사춘기의 반항이 흔히 그렇듯, 그들은 권위에 저항하는 것으로 자신을 표현하지만 이 표현이 권위를 대신할 대안을 내포하고 있는 것은 아니다.

모든 반항은 무책임하지만 무책임한 반항이 모두 무용한 건 아니다. 하지만 반항이 끝나는 자리에서 기껏 자신이 반항했던 제 아비의 권위를 되풀이해 만날 뿐이라면, 반항은 무용함을 넘어 역사적 악순환이 된다. 이러한 반항 속에는 공포의 진정성은 존재하지 않는다. 누군가의 등 뒤에 숨지 않고 세상에 홀로 서 있을 때의 그 비장함과 공포 말이다. 이 공포를 이해하는 순간에만, 그들은 어른이 된다. 세상의 모든 희망은 오로지 절망의 끝에서만 만나는 법이니까.

1999년 여름, 장전동 부산대학교 약학관 뒷편

저주의 이름, 예술가

어떤 예술작품이 위대하다는 건 그 작품이 무엇을 이야기하고 있는가와는 무관한 것 같다. 〈마르크 샤갈 전〉을 보면서 그런 생각이 들었다. 샤갈의 작품들은 우리가 알아들을 수 있는 그 어떤 이야기도 뚜렷하게 들려주는 게 없었다. 아무리 귀를 열어도 잘 알아들을 수 없는 웅성거림만 들릴 뿐 대중들이 기대할 만한 일관되고 계몽적인 이야기엔 시종일관 침묵하고 있었다. 그 대신 샤갈은 아주 특별한 재주를 부리고 있었는데, 이를테면 한국의 대중들로서는 전혀 익숙하지 않은 독특한 화법인, 단선율이 아니라 일종의 화성(和聲), 혹은 통일감이 아니라 표현 가능한 이질성을 극대화시켜 말하는 대위법을 구사하고 있었다. 그런 의미에서 그는 내용이 아니라 표현방식 자체만으로 예술을 성립시킨다. '혼종의 미학'이라고 부를 만한 이런 미감은, 위대한 예술가로부터 삶의 통찰이나 작은 잠언이라도 얻어듣길 원하는 우리네 대중들에겐 몹시 낯선 것임에 틀림없다. 사실상 자신보다 지적 능력이 결코 나아 보이지 않는 누군가가 들려주는 이야기에 귀 기울일 의지가 전혀 없는 우리의 대화 수준에서 보면, 그 때문에 샤갈은 그저 '색채의 마술사' 정도로 통용될 뿐인 것이다.

    샤갈의 그림들은 너무 아름답지만, 그 아름다움은 화가의 천재적인 색감에서만 오는 것이 아니다. 오히려 아름다움은 서로 이질적인 삶의 양식들과 그 역사적 조건들이 화가에게 가하는 일상적 고통이 색으로 분광될 때 얻어진다. 고국 러시아의 정치적 경직성과 낯설고 물선 프랑스의 예술적 자유분방함 사이에서, 그리고 떠나 올 수밖에 없었지만 비인간적인 근대 물질주의 속에서 더욱 그리운 러시아의 농경 공동체를 향수하며, 샤갈은 이 양극단 사이에서 한없이 고통스러워하고 있다. 그럼에도 불구하고 현실과 신화의 분열로 얼룩져 있는 그의 작품은 자화상이나 팔레트(palette)를 그려 넣는 것으로 이 고통을 회피하고 있지 않음을 증거한다. 오히려 고통받는 나, 화가로서의 자신을 결코 포기하지 않음으로써 분열적 긴장을 극한까지 유지한다. 그런 의미에서 샤갈의 작품은 이 고통을 극복하는 방법에 대해 이야기하고 있는 것이 아니라 단지 이런 자신의 고통을 잘 드러내고 있을 뿐이다. 뿐만 아니라 그 고통을 어떻게 해소할 수 있을지 그 역시 조금도 알고 있는 것 같지는 않다. 그저 고통스러워하고 있을 따름이다.

　　예술가는 삶의 일상적 고통을 해소해 줄 정치가가 아니다. 그러므로 예술로부터 어떤 정치적 해법을 기대하는 것은 넌센스이다. 예술가는 단지 우리보다 먼저, 우리보다 더 깊이 일상적 고통을 앓는 자들일 뿐이다. 마치 집에서 키우는 십자매처럼 가장 민감하게 연탄가스에 반응하고 사람보다 먼저 질식함으로써 사람들에게 위험을 알리는 저주받은 운명을 타고난 존재들이다. 일상적인 범인(凡人)들은 고통을 최소화하고 피해가려 하지만, 역설적이게도 예술가들은 제 자신 속에 사회적 병리를 키우고 스스로 실험체가 되고자 하는 사람들이며, 예술가라는 이름은 그러니까 무슨 특허나 면허증을 취득함으로써 얻게 되는 것이 아니라 사회적 고통을 마다 않고 수락하는 데 대한 사회적 경의의 한 표현으로 주어지는 것이라 할 수 있다. 그러므로 예술작품 앞에서 우리가 기대해야 할 것은 위대한 잠언 따위가 아니라 작품 속에 표현된 고통에 대한 폭넓은 수용적 자세여야 옳다.

　　조금 다른 문제이긴 하겠지만 얼마 전 다시 불거져 나온 '대마초 흡연의 합법화'에 대한 연예인 700명의 서명도 예술가에 대한 이와 같은 논리로 해법을 찾는 것이 옳을 듯하다. 지금처럼 대마초 흡연이 정당한가 아닌가에 대한 논쟁을 전문적이고 기술적인 의학계의 문제로 환원하는 것은 매우 어리석은 처사이다. 모든 사회적 문제들은 우리들 일반 대중들의 문제이며, 그렇기 때문에 어떤 대중적 합의과정도 없이 전문가들로 불리는 몇몇 지식권력자들에게 결정을 양도하는 일이 쉽게 발생해서

2007년 봄, 광안리 해변

는 안 된다. 단적으로 말해 예술가가 대마초를 피우든 피우지 않든 그러한 선택은 예술가의 자율에 맡겨질 문제이다. 사회적 규범은 덜 억압적이면 덜 억압적일수록 좋은 것이고 이 억압을 온몸으로 앓아 그 고통을 보다 분명한 형태로 표현할 수 있는 유일한 집단이 예술가들이라 한다면, 우리는 사회적 고통을 표현할 보다 자유로운 조건을 이들 집단에게 허용하는 관용을 보여야 하는 것은 당연하며, 이들은 이러한 조건 속에서 사회적 규범의 불합리성을 최대한 표현할 의무를 지게 되는 것이다.

    샤갈은 자신의 작품 속에 고통스러운 자신의 얼굴이나 팔레트 같은 것을 그려 넣은 것으로 이를 분명히 명시하고 있다. 이는 그가 작품의 관전 포인트를, 무엇을 그리고 있는가 하는 그 '무엇'이 아니라 어떻게 그렸고 어떻게 살았는가 하는 '어떻게'에 두어야 함을 의미한다. 세상의 고정된 모든 무엇은 이미-항상 가짜이다. 그것이 아무리 참되고 아름다워도 완성되어 떠도는 순간 세상의 속된 욕망의 흐름 속에서 변질되기 마련이다. 샤갈이 그려 넣은 자신의 얼굴과 도구로서의 팔레트는, 그러므로 완성되어서는 안 될 사물을 통찰하는 눈이다. 아름다운 색채와 환상적인 조형은 그 과정에서 저절로 우러나온 우연의 산물이며, 이는 곧 그가 살았던 시대의 역사적 억압에 대한 예술적 자의식의 한 뚜렷한 표징임은 두말할 나위가 없다.

검어서 슬픈, 제국의 주민들

우리는 그들을 어디에서나 본다. 혼잡한 인파 속에서, 진보를 내건 일간지의 사회면 귀퉁이에서, 그리고 선량한 작가들의 자비로운 문장들 사이에서. 흘러넘칠지언정 부족하지는 않다. 외국인노동법이라는 족쇄를 차고 어디든 음지를 향해서만 나아가야 하는 그들에게 주어지는 끔찍한 노동착취와 인종적 적대가 얼마나 일상적인지 우리는 잘 알고 있다. 두 말이 필요 없는, 상식이다. 초등학교 아이들에서 재래시장의 변두리에 쪼그리고 앉아 푸성귀를 파는 여든 할머니까지도, 단박에 그들을 알아낸다. 그들은, 검지만 않다면, 아니 검어서 더러 한 줌 더 건넬 수도 있는 존재들이다.

그러나 그뿐이다. 그들을 보는 건 어렵지 않을지라도 우리가 보는 그들은 매양 그들이 아니다. 우리가 보는 그들은, 정확히, 우리가 욕망하는 행복, 바로 그 역상일 뿐이다. 이 동일자적 시선 속에서 그들은 늘 사라진다.■■■ 그러니 우리는 그들에게 도무지 관심이 없다고 말해야 옳다. 관심의 대상은 오로지 우리 자신일 뿐이다. 가지 말아야 할 행복의 끝과 더욱 단단히 부여잡아야 하는 국가적 영토의 경계 저쪽을 보지 않기 위해서만, 우리는 본다, 그들을.

그러므로 우리가 보면 볼수록 그 무엇인가는 더 명확히 더 구체적으로 보이는 것

■■■ 오리엔탈리즘이 단순히 실제 대상, 즉 동양에 대한 보다 정확한 지식을 획득하려는 학문적 기획이 아니라 오히려 〈담론 자체의 전개로 자신의 대상을 창조하려는 담론〉이라는 것을 에드워드 사이드가 명시한 후, 〈본다는 것〉은 점점 더 의심이 대상이 되어 왔다. 말하자면 표상을 통한 모든 시선은 창조 형식임과 동시에 배제의 형식이기도 한 것이다.

이 아니라 더욱 모호하고 더욱 깊숙이 감춰진다. 실제로 우리가 가진 거의 모든 재현 도구들은 이러한 한계 앞에서 무력하기 짝이 없다. 일상적 언어는 말할 것도 없고 국민적 주권을 최고 심급으로 갖는 일간지의 기사, 그리고 오랜 역사를 통해 저주받은 타자들을 우리 앞에 데려오곤 했던 시와 소설까지도 자신들의 양식적 상투성을 이겨내지 못하는 한 우리와 그들을 조우시키는 데 결코 성공하지 못한다.

실제로 외국인 노동자의 문제는 이미 국민국가라는 영토 내에서 과잉결정된 것이어서 민족과 국가를 생존의 울타리로 삼고 있는 우리가 이를 안으로 안아 들인다는 건, 제 존재의 지반 자체를 부인해야 하는 이상한 모순율에 휩싸임을 뜻한다. 생각해 보라. 우리의 삶이 '이것이며 동시에 저것'을 지시하는 양립가능성의 능력을 발휘해 본 적이 있었던가를. 감히 단언컨대 우리의 삶은 항상 '이것 아니면 저것'의 배타성을 통해 발전해 왔다고 말해야 옳다. 그 때문에 외국인 노동자라는 이 특이한 존재는 근원적으로 우리의 도덕성에 배치된다. 그 결과 선택을 통해서만 삶의 형식이 주어지는 우리의 일상은 이들을 항상 망설임과 침묵이라는 형식적 균열 사이에만 만날 뿐이다.

우리들은 그들을 본다. 본다는 건, 보이는 사물을 대상화하는 일이다. 그리고 어떤 사건이나 인물을 소유할 수 있는 그 무엇으로 쉽게 변형시켜 버린다. 이 무의식적 폭력을, 그러나 어느 누구도 감지하기란 쉽지 않다. 특히 그들이 누군지 말할 수 있고, 또 말할 수 있다고 믿고 있다면, 그들은 이미 대상의 사물성으로부터 너무 멀어진 것이거나 대상을 거울삼아 제 얼굴만을 보고 있는 것이다.

모든 것은 극화(dramatize)된 것일 뿐이고, 극화된 모든 것은 사람들을 단숨에 사로잡는다. TV 드라마는 말할 것도 없고 극화되지 않음을 빙자한 극화된 다큐멘터리뿐 아니라 뉴스조차도 오로지 극화함으로써만 사람들의 시선을 잡아끈다. 어쩌면 보도된 내용이 사실이냐 아니냐, 하는 그 내용의 진위 여부는 차라리 부차적일지 모른다. 중요한 건, 보이지 않는 것을 보이도록 불러 모으고, 외면하고 있는 것을 정시하지 않을 수 없도록 바로 코앞에 들이미는, 혹은 들이밀 수밖에 없다고 가정된 특정한 목적이다. 이 목적의 정당성이 늘 그 방법을 과잉결정한다. 그 때문에 극화된 특정한 내용의 유통기한이 끝난 후에조차 그 내용을 실어 날랐던 방법 혹은 형식은 소멸하지 않은 채 잔존한다. 여전히 살아남아 또 다른 과잉결정을 부추긴다. 내용과 무관한 형식의 이러한 자율성 때문에 우리들은 자신이 취하고자 하는 수사와 삶의 형식으로부터 스스로 거리를 두어야 옳다.

그러므로 그들은 오로지 그들일 뿐이다. 그들의 고통을 한국의 초월적 규정성 속에서 극화하려 하는 한 모든 시도는 실패로 돌아가지 않을 수 없다. 이러한 서사적 설정으로는 그들의 내부에서 생성되는 어떠한 말도 모조리 차단되기 때문이다. 오로지 한국사회에서 유통되는 문법체계 속에서만 말해야 하고 그러한 상상계 내에서만 욕망해야 하며, 그리곤 마침내 한국이라는 아버지의 법을 재생산해야 한다면 말이다.

선량한 작가들은 자비를 실천하기 위해 글을 쓰지만, 글이 국가와 민족이라는 초월적 역능을 가로지르지 못하는 한 하위주체들에게 바쳐지는 그들의 모든 선행은 구성된 권력의 내재적 질서를 따라 작동하고, 권력이 흐르는 홈 패인 길(striation)을 더욱 깊게 패이게 만들 뿐이다. 검은, 그들의 얼굴을 그리고 있는 많은 예술품으로부터 그토록 깊은 절망감을 느껴야 하는 건 바로 이 때문이다. 이 말은 예술작품의 핍진한 묘사로 전달되는 그들의 처절한 현실에 대해 공감하지 않는다는 뜻이 아니다. 아니 어쩌면 피할 수 없는 이 공감 때문에 절망감은 더욱 깊어진다. 생각해 보라. 그들이란 바로 우리들 삶의 허방이고, 이 허방을 메운 그들의 몸뚱이 위에서 피어나는 꽃이 우리들이 아닌가. 마치 양파처럼, 완전한 흰색이 될 때까지 벗기고 벗겨본들 껍질뿐인 검은 우리들.

2005년 가을, 낙동강이 가로지르는 사상의 야경

나 는   도 시 에   산 다